全国职业技术院校教材

园 林 法 规

李广述　主编

园林专业用

中国林业出版社

内容简介

本教材主要包括城市规划法律制度、文物保护法律制度、城市绿化法律制度、风景名胜区和公园管理法律制度、合同法律制度、其他相关法律制度等内容。章后附有复习思考题。复习思考题又分为问答题和案例分析题两部分。以培养学生分析问题和解决问题的能力，提高学生的综合职业能力。

本教材在理论体系、组织结构、内容安排上全面贯彻了素质教育的思想，注重对学生学法、用法的培养和思想品质的教育。

本书是中等职业学校园林专业教材，也可作为高职相关专业和园林绿化企业的职业培训教材，以及园林管理人员、园林职工和广大园林绿化工作者的参考书。

图书在版编目（CIP）数据

园林法规/李广述主编．－北京：中国林业出版社，2003.1（2021.8重印）
全国职业技术院校教材
ISBN 978-7-5038-3095-2

Ⅰ．园… Ⅱ．李… Ⅲ．园林-管理—法规—中国-专业学校-教材 Ⅳ．D922.297

中国版本图书馆 CIP 数据核字（2003）第 001050 号

中国林业出版社·教材建设与出版管理中心

电话：83143557　　　　　　　　传真：83143516

出版发行	中国林业出版社（100009　北京市西城区德内大街刘海胡同 7 号）
	E-mail: jiaocaipublic@163.com
	网　址：http://www.forestry.gov.cn/lycb.html
经　销	新华书店
印　刷	廊坊市海涛印刷有限公司
版　次	2003 年 1 月第 1 版
印　次	2021 年 8 月第 14 次印刷
开　本	787mm×960mm　1/16
印　张	11
字　数	197 千字
定　价	35.00 元

未经许可，不得以任何方式复制或抄袭本书之部分或全部内容。

版权所有　侵权必究

编写人员名单

主　编 李广述
副主编 李润东
编　者 （按姓氏笔画为序）
　　　　　冯学华（广东省林业学校）
　　　　　李广述（内蒙古扎兰屯林业学校）
　　　　　李润东（河南科技大学林业职业学院）
　　　　　郦文凯（白城师范学院）
主　审 王跃先（东北林业大学）
　　　　　沈文玮（上海市绿化管理局）

林业职业教育教学指导委员会规划教材
出 版 说 明

为了贯彻《中共中央国务院关于深化教育改革全面推进素质教育的决定》精神，落实《面向21世纪教育振兴行动计划》中提出的职业教育课程改革和教材建设规划，根据教育部职业教育与成人教育司和国家林业局人事教育司的要求，林业职业教育教学指导委员会（以下简称林指委）组织力量，规划编写了林业、园林、木材加工等3个教育部重点建设专业的教材。根据应用范围广、发行量大的原则，确定了14门课程作为首批出版的林业职业教育教学指导委员会规划教材，从2002年秋季起，陆续提供给各类中等职业学校选用。

首批出版的林业职业教育教学指导委员会规划教材是根据林指委审定通过的林业、园林、木材加工专业专门化课程的教学基本要求编写的，并经林指委组织的教材审定专家委员会审定通过。林指委规划教材全面贯彻了素质教育思想，从社会发展对高素质劳动者和中初级专门人才需要的实际出发，注重对学生的创新精神和实践能力进行培养，反映了"四新"要求，体现了职业教育的特色，有很强的实用性，适合于中等职业学校有关专业使用。

希望各中等职业学校积极推广和选用林业职业教育教学指导委员会规划教材，并在使用过程中，注意总结经验，及时提出修改意见和建议，使之不断完善和提高。

林业职业教育教学指导委员会
2002年7月

前　言

本教材是根据园林专业面向 21 世纪整体教学改革方案的要求和《园林法规》教学大纲、适应园林专业人才对园林法规知识的需求而编写的。本教材的编写广泛吸收了有关专家、教师及园林工作者的意见和建议，立足于培养具有综合职业能力的园林专业人才，提高园林专业人才的法律素质，依法从事园林工作。本教材主要包括城市规划法律制度、文物保护法律制度、城市绿化法律制度、风景名胜区和公园管理法律制度、合同法律制度、其他相关法律制度等内容。

本教材具有涉及面广、综合性强、重点突出、实用性强、结构内容新颖等特点。教材基本上包括了与园林专业密切相关的主要法律法规知识，涉及到了文物保护、城市绿化与规划、公园与名胜风景区的管理、合同、环境保护等方面的基本知识。但在具体内容的安排上，重点强调了各项园林法规的主要内容，而不做全面、系统的介绍。在技能目标要求上，着重加强培养学生识别、判断在园林生产和经营管理活动中合法与违法界限的能力，具有依法从事园林工作的基本技能。教材内容以最新颁布的法律法规为依据，紧密结合园林生产实际。教材中每章设有内容提要，便于教学。每章后面设有案例分析题，便于学生将所学理论同实际相结合，实践性较强，有利于提高学生分析问题、解决问题的能力。本教材所体现的这些特点，有利于培养学生的全面素质及综合职业能力，适应市场经济对园林专业人才法律素质的要求。

本教材由李广述任主编，李润东任副主编。其编写分工为：绪论、第五章、第六章的第一、二节由李广述编写，并负责全书统稿；第一、第三章由李润东编写；第二章、第六章的第三、四、五节由郿文凯编写；第四章由冯学华编写。

本教材由东北林业大学人文学院院长、教授王跃先和上海市绿化管理局政策法规处原处长、上海市建设和管理委员会科技委委员沈文玮担任主审。本教材在编写过程中得到了国家林业局人教司、国家林业局职教中心、中国林业出版社及参编单位的大力支持，在此表示感谢。

由于本教材属于首次编写，加之编写的时间紧，编者水平有限，书中难免会有不足之处，敬请有关专家、教师和读者批评指正，以便修订和完善。

编 者

2002年7月

目 录

林业职业教育教学指导委员会规划教材出版说明
前 言
绪 论 …………………………………………………………………… (1)
第一章 城市规划法律制度 ……………………………………………… (1)
　第一节 《城市规划法》概述 ………………………………………… (1)
　　一、城市规划及其意义 ……………………………………………… (1)
　　二、《城市规划法》及其适用范围 ………………………………… (2)
　　三、城市规划的管理体制和内容 …………………………………… (6)
　　四、城市规划的方针 ………………………………………………… (7)
　第二节 城市规划的编制和实施 ……………………………………… (9)
　　一、城市规划的编制和审批 ………………………………………… (9)
　　二、城市新区开发和旧区改建 ……………………………………… (15)
　　三、城市规划的实施管理 …………………………………………… (17)
　第三节 违反《城市规划法》的法律责任 …………………………… (22)
　　一、违法占地行为及法律责任 ……………………………………… (22)
　　二、违法建设行为及法律责任 ……………………………………… (23)
　　三、城市规划编制单位的违法行为及责任 ………………………… (23)
　　四、城市规划行政主管部门工作人员的违法行为及法律责任 …… (24)
　第四节 村庄和集镇规划管理 ………………………………………… (25)
　　一、村庄和集镇规划的编制和审批 ………………………………… (25)
　　二、村庄和集镇建设活动管理 ……………………………………… (26)
　　三、违反村庄和集镇规划建设管理的法律责任 …………………… (28)
第二章 文物保护法律制度 ……………………………………………… (31)
　第一节 《文物保护法》概述 ………………………………………… (31)
　　一、文物保护的意义和要求 ………………………………………… (31)
　　二、文物的分级 ……………………………………………………… (35)

三、我国重点保护的文物 …………………………………………… (37)
　　四、文物的所有权 …………………………………………………… (38)
　　五、《文物保护法》的宗旨 …………………………………………… (39)
　第二节　文物的保护与管理 …………………………………………… (39)
　　一、文物保护的措施 ………………………………………………… (39)
　　二、文物保护的主要法律规定 ……………………………………… (41)
　　三、文物保护的奖励规定 …………………………………………… (44)
　　四、违反《文物保护法》的处罚规定 ……………………………… (45)

第三章　城市绿化法律制度 ……………………………………………… (47)
　第一节　城市绿化法概述 ……………………………………………… (47)
　　一、城市绿化的意义 ………………………………………………… (47)
　　二、城市绿化法的原则 ……………………………………………… (48)
　　三、城市绿地分类 …………………………………………………… (50)
　第二节　城市绿化规划建设 …………………………………………… (51)
　　一、城市绿化规划 …………………………………………………… (51)
　　二、城市绿化规划指标 ……………………………………………… (53)
　　三、城市绿化规划的设计、施工 …………………………………… (55)
　　四、国家园林城市建设主要指标 …………………………………… (56)
　第三节　城市绿化的保护管理 ………………………………………… (58)
　　一、城市绿地的保护管理 …………………………………………… (58)
　　二、城市绿地种植和绿化设施的保护管理 ………………………… (59)
　　三、古树名木的保护管理 …………………………………………… (59)
　　四、城市公共绿地内商业、服务经营活动的管理 ………………… (61)
　　五、园林绿化职业技能岗位管理 …………………………………… (62)
　第四节　违反城市绿化法的法律责任 ………………………………… (63)
　　一、违法建设施工的行为及法律责任 ……………………………… (63)
　　二、损坏花草、树木及绿化设施的行为及法律责任 ……………… (63)
　　三、擅自占用城市绿化用地的行为及法律责任 …………………… (65)
　　四、擅自在城市公共绿地内开设商业、服务摊点和不服公共绿地
　　　　管理单位对商业、服务摊点管理的行为及法律责任 ………… (65)
　　五、城市绿化行政主管部门和城市绿地管理单位的工作人员玩忽
　　　　职守、滥用职权和徇私舞弊的行为及法律责任 ……………… (66)
　　六、城市绿地管理单位的民事侵权行为及法律责任 ……………… (66)

第四章　风景名胜区和公园管理法律制度 ……………………………… (68)
　第一节　风景名胜区管理法 …………………………………………… (68)

一、风景名胜区管理法概述 …………………………………… (68)
　　二、风景名胜区的主管部门和管理机构及其职责 …………… (69)
　　三、风景名胜区的规划 ………………………………………… (70)
　　四、风景名胜区的建设 ………………………………………… (72)
　　五、风景名胜区的保护管理 …………………………………… (73)
　　六、违反风景名胜区管理法的法律责任 ……………………… (75)
　第二节　公园管理法 ……………………………………………… (76)
　　一、公元管理法的概述 ………………………………………… (76)
　　二、综合性公园 ………………………………………………… (77)
　　三、动物园 ……………………………………………………… (81)
　　四、植物园 ……………………………………………………… (83)
　　五、游乐园 ……………………………………………………… (84)
　　六、森林公园 …………………………………………………… (86)

第五章　合同法律制度 ……………………………………………… (91)
　第一节　《合同法》概述 ………………………………………… (91)
　　一、合同的概念与特征 ………………………………………… (91)
　　二、合同的种类 ………………………………………………… (92)
　　三、合同法的原则 ……………………………………………… (93)
　第二节　合同的订立和效力 ……………………………………… (94)
　　一、合同的订立 ………………………………………………… (94)
　　二、合同的效力 ………………………………………………… (100)
　第三节　合同的履行、担保和保全 ……………………………… (103)
　　一、合同的履行 ………………………………………………… (103)
　　二、合同的担保 ………………………………………………… (106)
　　三、合同的保全 ………………………………………………… (110)
　第四节　合同的变更、转让和终止 ……………………………… (111)
　　一、合同的变更 ………………………………………………… (111)
　　二、合同的转让 ………………………………………………… (112)
　　三、合同的权利义务终止 ……………………………………… (113)
　第五节　合同违约责任和合同纠纷的解决 ……………………… (115)
　　一、违约责任 …………………………………………………… (115)
　　二、合同纠纷的解决 …………………………………………… (117)
　第六节　主要合同 ………………………………………………… (118)
　　一、买卖合同 …………………………………………………… (118)

二、供用电、水、气、热力合同……………………………(119)
　　三、借款合同………………………………………………(119)
　　四、赠与合同………………………………………………(120)
　　五、租赁合同………………………………………………(120)
　　六、融资租赁合同…………………………………………(120)
　　七、其他合同………………………………………………(121)

第六章　其他相关法律制度……………………………………(124)
第一节　环境保护法知识………………………………………(124)
　　一、环境与环境保护………………………………………(124)
　　二、环境保护法……………………………………………(125)
　　三、环境保护法的基本原则………………………………(126)
　　四、环境保护法的基本制度………………………………(129)
　　五、我国生态环境保护的指导思想、原则、目标以及
　　　　对策与措施……………………………………………(130)
　　六、违反环境保护法的法律责任…………………………(131)
第二节　森林法知识……………………………………………(132)
　　一、森林法的立法原则及意义……………………………(132)
　　二、植树造林的法律规定…………………………………(134)
　　三、森林病虫害防治的有关规定…………………………(136)
　　四、森林防火的主要规定…………………………………(138)
　　五、违反森林法的法律责任………………………………(140)
第三节　建筑法知识……………………………………………(142)
　　一、建筑法的立法宗旨……………………………………(142)
　　二、建筑法的适用范围……………………………………(143)
　　三、建筑工程招标与投标…………………………………(143)
　　四、建筑施工与监理的法律规定…………………………(145)
　　五、建筑工程安全生产与质量管理的法律规定…………(146)
第四节　园林绿化企业法知识…………………………………(149)
　　一、园林绿化企业的设立…………………………………(149)
　　二、园林绿化企业的分级及经营范围……………………(155)
第五节　城建行政执法和行政诉讼……………………………(158)
　　一、城建行政处罚…………………………………………(158)
　　二、行政复议………………………………………………(159)
　　三、行政诉讼………………………………………………(162)

参考文献　…………………………………………………………(166)

绪　论

随着我国经济的快速发展和社会的不断进步,园林绿化作为一项公益事业也得到了空前发展。城市中出现了一批以植物为主景、富于东方神韵、深受广大群众喜爱的园林。城镇绿化深入每个角落,城市人均公共绿地面积和绿化覆盖率指标近年大幅度提高。绿地系统规划和建设已列入每个城市的议事日程。营造绿色环境,改善城市环境质量,创建园林城市被许多城市列为发展的目标。与此同时,园林绿化作为一项产业正在蓬勃兴起,也为城镇的经济发展起到了积极的促进作用。园林绿化事业的发展和产业的兴起,迫切需要大量的中等园林专业人才。

园林绿化作为一项公益事业与城市规划、城市的绿化和美化、公园和风景名胜区的建设与管理、文物保护、环境保护等密切相关。园林的生产和建设作为一项产业,不可避免地与一些经济、行政等方面的法律法规和管理制度相联系。因而,对园林专业人才的素质要求也越来越高,尤其是要具备必要的园林方面的法律法规知识。为了适应这种要求,《园林法规》作为培养中等园林专业人才的一门通用专业课,便由此而产生,这也是一门崭新的学科。通过这门课程的学习,要了解和掌握与园林专业密切相关的一些法律、法规知识,加强法律意识,树立法制观念,锻炼运用法律的技能,具有依法从事园林生产与建设的能力,依法进行园林经营和管理的能力。

园林法规是一门研究园林绿化与城市绿化、城市规划、城镇建设、风景名胜区与公园管理、环境保护、文物保护等项事业之间的法律关系,以及如何处理这些法律关系,并依法从事园林的生产、经营和管理的一门学科。其研究的范围包括:与园林绿化密切相关的城市绿化和城市规划法律制度、风景名胜区和公园管理法律制度、环境保护与文物保护法律制度、合同法律制度以及在园林的生产和经营过程中涉及到的如建筑法、企业法、森林法、行政诉讼法等法律知识。作为一门新兴的综合性学科,既要阐述这些主要园林法规的基本概念和基本知识,又要讲清识别、判断园林生产、经营和管理活动中合法与违法的界限,还要明确如何处理这些法律关系,因而它的研究范围广、内容多，必须把握关键，理清各种关系，系统地学习，恰当地运用。

学习园林法规，是园林事业不断发展的要求。园林事业既是一项社会公益事业，也是一项重要的产业。园林事业集生态效益、社会效益和经济效益于一体，对于加强生态环境建设，促进城市可持续发展，提高人民的生活水平起着重要的作用。改革开放以来，尤其是近几年，党和政府对园林绿化空前重视，各地对发展园林绿化、加强城市生态环境建设的热情日益高涨，城市园林绿化事业迅速发展。到1998年，全国城市建成区平均绿地率21.8%，建成区绿化覆盖率26.6%，其中公共绿地面积120 326hm^2，人均公共绿地6.1m^2，公园3990处，面积73 197hm^2。我国风景名胜区已发展到515处，面积达9.63hm^2，约占国土面积的1%。全国已有19座城市和1个城区被国家建设部命名为"国家园林城市"和"国家园林城区"。21世纪，园林绿化将在改善城市生态环境中起主导性作用，将以可持续发展为原则，以改善和美化人居环境从而满足人们对生活环境的要求为目的，广泛应用高新技术，进一步带动社会相关事业和产业的发展，将和人们的生产和生活息息相关，因而园林生产、服务、技术和管理第一线的中初级人才需求量将大幅度增加，园林专业人才的素质应全面提高，尤其应具备与园林事业密切相关的法律、法规知识，正确运用法律、依法行政、依法从事园林的生产经营能力。党的"十五大"提出了"依法治国"的基本方略，我国为了更好地促进园林绿化事业的发展，更需要把园林的规划设计、施工、日常管护、经营管理等纳入法制化轨道。尤其是随着园林绿化地位和作用的日益突出，与社会生产、生活的关系越来越密切，涉及范围也越来越广，更有必要用法律的形式，规范园林绿化与社会方方面面的关系，并自觉运用法律理顺这些关系，才能保证园林事业顺利发展。

在社会主义市场经济条件下，尤其是我国于2001年11月7日加入了世界贸易组织之后，园林绿化作为一项产业，也将融入到国际化之中，更要求我们用法律的形式，来确定园林与其他方面的关系，按国际惯用的规则来办事，才能增强园林产业的国际竞争力，为国民经济的发展做出更大贡献。

另外，由于长期受计划经济的影响，加之以前人们对园林绿化的轻视，人们从事园林生产、经营的法律观念也很薄弱，也需要人们系统地学习与园林事业密切相关的法律知识，增强法制观念，培养主动学法、自觉守法、积极用法的法律意识，培养用法律观念分析问题、判断是非、解决问题的能力，提高园林专业人才的法律素质，以满足社会主义市场经济条件下对园林专业人才法律素质的要求。

学习园林法规，还可以使我们了解城市建设、文物保护、风景名胜区和公园管理等领域的一般性知识，开拓视野，为今后的创业、立业创造更大的空间，以增强对社会的适应能力和市场经济条件下的竞争能力。

园林法规是一门涉及面广、综合性和实践性较强的学科，学习本课程，第一，必须以马列主义、毛泽东思想和邓小平理论为指导，以社会主义市场经济理论为基础，准确地理解、领会有关园林方面的法律、法规。第二，认真学习教材所涉及的法律、法规的原文，全面地领会其精神实质。注意本学科与园林规划设计、园林工程施工与管理、园林企业经营管理等学科的联系，将所学法律、法规知识同这些学科的知识结合到一起去理解掌握。第三，坚持理论联系实际，注重将学到的知识应用到日常的生产和生活实践中去，以加深对所学法律、法规知识的理解。第四，注意采取参观访问、深入基层调查、听取专题报告、旁听庭审案件、建立模拟法庭、观看录像、开展案例分析、网上查询等形式，加深对所学知识的理解和掌握。第五，注意有关法律法规的修改和调整。明确修改和调整的目的和意义、新法与旧法的区别，并认真学习领会新的法律制度。第六，注意全国性园林法规和地方性园林法规的联系。在了解全国性园林法规的基础上，注意学习和掌握本地区各项园林法规的特色和具体要求，因地制宜地应用地方性园林法规，更好地为地方园林建设服务。只有这样，才能更好地学习和掌握园林法规知识，提高运用园林法规知识的能力，具备较强的法律素质，达到学习园林法规的目的，培养和提高综合职业能力。

第一章

城市规划法律制度

【本章提要】 本章介绍了《城市规划法》的概念、城市规划的编制和实施及违法责任等内容。通过本章学习，了解村庄和集镇规划管理的基本知识，熟悉城市规划编制的原则和内容、编制单位资质与设立，掌握"一书两证"制度和违法行为的认定、处罚的主要内容。

第一节 《城市规划法》概述

一、城市规划及其意义

（一）我国的城市现状

城市是国家按行政建制设立的，以非农产业和非农业人口聚集为主要特征的居民点。它是国家或者地区的政治、经济和文化中心，包括国家按行政建制设立的直辖市、市、建制镇。直辖市是由中央政府直接管辖、行政地位相当于省一级的市。市，又称为建制市或设市城市，是指经国家批准设市建制的行政地域。按其行政级别分为直辖市、地级市和县级市；按其规模分为大城市、中城市和小城市。建制镇，是经国家批准设镇建制的行政地域，包括县人民政府所在地的建制镇（县域）和县以下的建制镇（即县辖建制镇）。这里的建制镇与集镇不同，集镇和村庄同属于农村的范畴。集镇是指乡、民族乡人民政府所在地和经县级人民政府确认由集市发展而形成的，作为农村一定区域经济文化和生活服务中心的非建制镇。目前，我国城市的现状是：城市化水平低，城市人口仅占全国人口的2%左右；大城市规模过大，人口总数占城市人口总数的一半以上，其中百万人口以上的30个；城市发展格局不尽合理，工业过分集中，人口相对膨胀，居住拥挤；基础设施短缺，交通紧张，环境恶化等，已成为城市社会经济进一步发展的制约和障碍。因此，在城市建设和发展过程中，城市规划处于重要的"龙头"地位。

（二）城市规划的概念和意义

城市规划是指为了实现一定时期内城市的经济和社会发展目标，确定城市性质、规模和发展方向，合理利用城市土地，协调城市空间布局和各项建设的综合部署和具体安排。简言之，城市规划是对一定时期内城市的经济和社会发展、土地利用、空间布局以及各项建设的综合部署、具体安排和实施的管理。

城市规划的重要意义在于：首先，城市规划是城市建设和管理的基本依据。国内外的实践经验证明，要把城市建设好、管理好，必须先规划好，以城市规划为依据建设和管理城市。其次，城市规划是综合发挥城市经济效益、社会效益和环境效益的前提和基础。城市作为一定区域内的政治、经济和文化的中心，应当格局合理，富有特色，对本区域内的城市化发展起到示范和榜样作用，充分协调好经济效益、社会效益和环境效益。科学合理的城市规划，自然就成为城市建设和管理以及综合发挥其各种效益应遵循的依据。再次，城市规划是实现经济和社会发展目标的重要手段。城市的合理发展，必须通过科学的预测和规划，以确定城市的发展方向和发展格局，也只有在科学合理规划的引导和控制下，才能最终实现经济和社会发展目标。最后，城市规划经法定程序批准，即具有法律效力，非经法定程序不可任意更改。因此，它的实施具有强制性和不可变更性。

二、《城市规划法》及其适用范围

城市规划法有狭义和广义之分。狭义的城市规划法，是指《中华人民共和国城市规划法》（以下简称《城市规划法》）。该法于1989年12月26日第七届全国人民代表大会常务委员会第十一次会议通过，自1990年4月1日起施行。广义的城市规划法，是指国家制定的调整城市规划活动中发生的各种社会关系的规范性文件的总称。它既包括《城市规划法》，还包括其配套法规、规章、地方性法规以及其他法律、法规中有关城市规划管理的内容。其中主要的法规有：《城市规划编制办法》（1991），《城镇体系规划编制审批办法》（1994），《城市规划编制办法实施细则》（1995），《建制镇规划建设管理办法》（1995），《城市规划编制单位资质管理规定》（2000）等。

城市规划法地域上的适用范围是指制定和实施城市规划以及在规划区内使用土地和进行建设活动。所谓城市规划区，是指城市市区、近郊区以及城市行政区域内因城市建设和发展需要实行规划控制的区域。市区不包括市辖县和市辖市，它与市域不同。市域是指设市城市行政管辖的全部地域，包括市辖县的全部行政管理范围。

三、城市规划的管理体制和内容

（一）城市规划的管理体制

城市规划管理体制，是指城市规划的编制、审批和实施管理的体制。依据《城市规划法》第9条以及地方性法规的有关规定，我国的城市规划管理实行分级管理的体制，即国务院城市规划行政主管部门主管全国的城市规划工作，县级以上地方人民政府城市规划行政主管部门主管本行政区域内的城市规划工作。具体内容包括：

1. 国务院建设行政主管部门的职责

国家建设部主管全国的城市规划工作。其主要职责是：研究制订全国城市发展战略以及城市规划方针、政策和法规；指导、推动城市规划的编制、实施以及城市土地和建设规划管理；参与国土和区域规划以及重大建设项目的选址和可行性研究；组织、推动城市规划设计体制改革，负责全国城市规划设计和城市勘测管理工作，制订城市规划事业发展计划，组织推动城市规划的技术进步、人才开发和国际交流；负责国务院交办的城市具体规划和国家历史文化名城的审批工作；组织编制全国的城镇体系规划，用以指导城市规划的编制。

2. 省级、地区行政公署规划行政主管部门的职责

省、自治区、直辖市人民政府和地区行政公署规划行政主管部门主管本区域内的城市规划管理工作。其主要职责是：贯彻执行有关城市规划的法律、法规、规章和政策；承办城镇体系规划编制的具体组织工作；参与建设项目的可行性研究，组织工程选址；对城市规划的实施进行监督和检查；其他城市规划管理工作。

3. 市、县（市）人民政府规划行政主管部门的职责

市、县（市）人民政府城市规划行政主管部门主管本行政区域内的城市规划工作。其主要职责是：贯彻执行有关城市规划的法律、法规、规章和政策；承办城市规划编制的具体组织工作；负责城市规划实施的管理；参与建设项目的可行性研究，组织工程选址；负责建设用地和建设工程规划的管理，核发选址意见书、建设用地规划许可证、建设工程规划许可证；对城市规划的实施进行监督和检查，查处违反城市规划的行为；积累和管理城市规划档案资料；其他城市规划管理工作。

4. 区城市规划行政主管部门的职责

区城市规划行政主管部门根据市城市规划行政主管部门的授权，负责本行政区域内城市规划的实施和管理工作。

此外，镇（不含县、市人民政府所在地的镇）人民政府负责本行政区域内的城市规划管理工作。

（二）城市规划管理的内容

城市规划管理作为一个实践过程，它包括城市规划的编制、审批和实施三个环节，是通过行政的、法制的、经济的和社会的管理手段，对城市土地的使用和各项建设活动进行控制、引导和监督，使之纳入城市规划规范化的轨道，促进经济、社会和环境在城市空间上协调、有序、可持续的发展。城市规划管理的内容主要包括：

1. 城市规划编制和审批管理

城市规划的编制和审批包括城镇体系规划、总体规划、详细规划的编制审批，其中城市总体规划中的专业规划包括道路交通、给水排水、防洪排涝、电力、邮电通讯、环境保护、人防建设、防灾抗灾、供热供气、园林绿化、公共服务设施、市场建设、环境卫生、郊区农副产品基地、文化古迹保护、风景名胜区和其他特殊需要的专业规划。

2. 城市规划实施管理

城市规划实施管理包括土地使用规划的实施管理、公共设施规划的实施管理、市政工程规划的实施管理和特定地区（开发区等）规划的实施管理4个方面。

3. 城市规划实施监督检查管理

城市规划实施监督检查管理主要包括城建监察、城市建设档案管理等。

4. 城市规划行业管理

城市规划行业管理包括对城市规划编制单位资格管理和规划师执业管理两方面的内容。

四、城市规划的方针

（一）严格控制大城市规模、合理发展中等城市和小城市

《城市规划法》第4条第1款规定："国家实行严格控制大城市规模，合理发展中等城市和小城市的方针"。这一规定是针对我国目前不尽合理的城市发展格局以及大城市的弊端而提出的。该方针对规定我国城市化的进程，促进我国比较合理的城市发展格局起着重要的定向作用。所谓"城市化"，又称

城镇化、都市化，是指人类生产和生活方式由乡村型向城市型转化的历史过程，表现为乡村人口向城市人口转化以及城市不断完善和发展的过程。我国城市规模的划分标准，依据《城市规划法》第4条第2、3、4款的规定：市区和近郊区非农业人口50万以上的城市为大城市；市区和近郊区非农业人口20万以上、不满50万的城市为中等城市；市区和近郊区非农业人口不满20万的城市为小城市。统计上又规定非农业人口在100万～200万的为特大城市，在200万以上的为超大城市。

（二）符合我国国情，正确处理近期建设和远景发展的关系

我国是一个发展中的农业大国，地少人多，经济发展相对落后，各地自然条件差异较大，东南地区和中西部地区经济和社会发展极不平衡，很难制定出整齐划一的城市发展速度和规模。这就要求各地的城市规划必须因地制宜，从实际出发。既要防止贪大求快、贪多求全的盲目攀比，追求脱离实际的所谓高标准、高速度，又要避免不顾大局和不顾长远发展的短期行为。在制定城市规划时，应当与国家和地方的经济、社会发展水平相适应，具有一定的前瞻性，留有适当的余地和适度的弹性，符合城市国民经济和社会发展持久、稳定、协调的要求。

（三）要与国家生态建设规划相协调，重视城市生态环境的保护

为保护和建设好生态环境，实现可持续发展，国家制定了具有长期指导作用的全国生态环境建设规划，并纳入国民经济和社会发展规划。因此，在制定城市规划时，要围绕我国生态环境建设的目标，遵循生态环境建设的基本原则，重视城市生态环境的建设和保护，合理规划、切实保护好各类生态用地。大中城市要确保一定比例的公共绿地和生态用地，结合《国家园林城市标准》和创建园林城市活动的开展，加强城市公园、绿化带、片林、草坪的建设与保护，大力推广庭院、墙面、屋顶、桥体的绿化和美化。严禁在城区和城镇郊区随意开山填海、开发湿地，禁止随意填占溪、河、渠、塘。加强城镇环境综合整治，加快能源结构调整和工业污染治理，切实加强城镇建设项目和建筑工地的环境管理，积极创建国家园林城市、环保模范城市和环境优美城镇。

第二节 城市规划的编制和实施

一、城市规划的编制和审批

(一) 城市规划的编制原则

城市规划的编制原则主要包括:

1. 城市规划必须纳入国民经济和社会发展计划

城市的国民经济和社会发展计划是城市发展的战略或城市发展大纲,它是城市规划确定的建设项目得以实施的保证。城市的总体规划应当分期分批纳入城市年度建设计划、中期建设计划和长期建设计划,按照国家基本建设程序有计划地分期分批地实施。如果城市规划与城市的国民经济和社会发展计划互不衔接和协调,势必造成规划项目计划列不上或者计划列入的项目又不符合城市规划要求的"两张皮"现象。

2. 城市规划必须与国土规划、区域规划、江河流域规划、土地利用总体规划相协调

国土规划是对土地、水、气候、生物、劳动力等国土资源提出的整治开发任务,确定重点开发区和目标,用以指导各地区、各部门进行国土资源整治和开发的蓝图;区域规划是部分地区土地资源整治、开发的蓝图;江河流域规划是对江河流域的开发利用和防止水灾作出的规划;土地利用总体规划是在一定区域内,依据国民经济和社会发展规划、土地整治和资源环境保护的要求,依据土地供给能力以及各项建设对土地的需求、开发、利用、治理和保护所作的总体安排和布局,它是国家实行土地用途管制的依据。国土规划、区域规划和城市规划是不同层次、涉及不同地域范围的发展规划,它们组成了一个完整的规划体系。城市规划只有与上述各项相关规划相协调,才能防止和避免规划系列中不同规划之间的矛盾与冲突,最终实现城市规划的顺利实施。

3. 保护生态环境和历史文化

根据《城市规划法》第 14 条规定,城市规划必须注意保护生态环境,防止污染和其他公害,加强绿化建设,保护历史文化遗产和自然风貌,创造优美、协调的城市景观,以促进城市物质文明和精神文明建设的发展。

4. 有利生产、方便生活、防灾减灾

《城市规划法》第 15 条规定,城市规划必须有利生产,方便生活,促进流通，繁荣经济，促进科技文化教育事业的发展。城市规划还必须符合城市防火、防爆、抗震、防洪、防泥石流和治安、交通管理以及人民防空建设等要求，在可能发生强烈地震和严重洪水灾害的地区，必须在规划中采取相应的抗震和防洪措施。

此外，城市规划还应当贯彻合理用地、节约用地的原则。

（二）城市规划的编制内容

1. 城镇体系规划

城镇体系规划，是指在全国或一定地区内，确定城市的数量、性质、规模和布局的宏观部署。它是城镇社会经济发展的空间表现形式，是政府对全国或者一定地区经济社会发展实行宏观调控的重要手段。城镇体系规划的编制权由国务院城市规划行政主管部门和省、自治区、直辖市人民政府行使。国务院城市规划行政主管部门组织编制全国的城镇体系规划；省、自治区、直辖市人民政府分别组织编制本行政区域的城镇体系规划。

城镇体系规划的主要内容包括：确定全国或一定地区的经济社会发展战略；对产业结构的变化及城市化水平进行预测和规划；根据生产力和区域交通运输网的发展，对城镇的规模及其分布进行预测和规划；分析全国或一定区域内各级中心城市的影响范围，并确定各中心城市的职能及其发展方向；在分析各个城镇历史沿革及其发展条件的基础上，规划新设置市镇的数量；提出近期宜重点发展的城市，明确其发展方向以及人口和用地的规模；提出完善的城镇体系所需的重要设施建设目标和布局；提出实施规划的政策和措施。

2. 城市总体规划

城市总体规划是以城镇体系规划为依据，确定城市性质、规模、发展方向、合理利用城市土地，协调城市空间布局和多项建设的综合部署。城市总体规划的期限一般为20年，建制镇总体规划为10～20年。城市总体规划和建制镇总体规划应当对城市近期的发展布局和主要建设项目作出安排，城市近期建设规划一般为5年，建制镇的近期建设规划为3～5年。城市总体规划由城市人民政府负责编制。县级人民政府只负责组织编制县级人民政府所在地的镇的总体规划，该总体规划应当包含县辖区内居民点和基础设施的布局。

城市总体规划的主要内容包括：城市的性质、发展目标和发展规模；城市主要建设标准和定额指标；城市建设用地布局、功能分区和各项建设的总体部署；城市综合交通体系和河湖、绿地系统；各项专业规划和近期建设规划。

3. 城市分区规划

城市分区规划，是指在城市总体规划的基础上，对城市土地利用、人口分布、公共设施和基础设施的配置作出的规划安排。它为城市详细规划和规划管理提供依据。城市分区规划由城市人民政府的城市规划行政主管部门负责组织编制。

城市分区规划的主要内容包括：原则确定分区内土地使用性质、居住人口分布、建筑用地的容量控制指标；确定市、区公共设施的分布及其用地范围；确定城市主次干道的红线位置、断面、控制点坐标和标高，以及主要交叉口、广场、停车场的位置和控制范围；确定绿化系统、河湖水面、供电高压线走廊、对外交通设施的保护范围和风景名胜的用地界限、文物古迹、传统街区的保护范围，提出空间形态的保护要求；确定工程管线的位置、走向、管径、服务范围以及主要工程设施的位置和用地范围。

4. 城市详细规划

所谓城市详细规划，是指以总体规划和分区规划为依据，详细规定建设用地的各项控制管理要求，或者直接对建设项目作出具体的安排和规划设计。城市详细规划由城市人民政府的城市规划行政主管部门负责组织。城市详细规划可分为控制性详细规划和修建性详细规划。

（1）控制性详细规划的主要内容　控制性详细规划的主要内容包括：详细确定规划地区各类用地的界限和适用范围，提出建筑高度、建筑密度、容积率等控制指标，规定各类用地适建、不适建、有条件可建的建筑类型；确定各级支路的红线位置、断面、控制点坐标和标高；根据规划容量，确定工程管线的走向、管径和工程设施的用地界限；制定相应的土地使用与建设管理规划。

控制性详细规划是城市规划管理、城市综合开发以及国土资源管理的重要依据，又是城市规划行政管理的重点。控制性详细规划的文件包括土地使用与建设管理细则和附件，其中附件主要包括规划说明及基础资料。控制性详细规划的主要图纸包括规划范围现状图和控制性详细规划图，图纸比例为1/1000～1/2000。

（2）修建性详细规划的主要内容　修建性详细规划的主要内容包括：建设条件分析及综合技术经济论证；建筑、道路和绿地等的空间布局和景观规划设计，总平面图的布置；道路交通规划设计；绿地规划系统设计；各项工程管理规划设计；竖向规划设计；估算工程量、拆迁量和总造价；分析投资效益。

修建性详细规划是对具体的开发项目进行规划管理和指导的重要依据。其规划文件为设计说明书，其主要图纸包括：规划范围现状图、规划总平面图、各项专业规划图、竖向规划图和反映规划设计意图的透视图。图纸比例为 1/500～1/2000。

依据有关规定，在进行城市新区开发和旧区改建时，一般都需要编制控制性详细规划；在当前正在开发或修建的地区，一般还应当编制修建性详细规划。

5. 建制镇规划编制的特殊规定

建制镇规划的编制主体，由建制镇人民政府在县级以上地方人民政府城市规划行政主管部门指导下负责组织。在编制内容上，一般只需编制总体规划和修建性详细规划，其内容与城市总体规划及城市修建性详细规划相同。实行镇管村体制的建制镇，其总体规划中应包括镇辖区范围内的村镇布局。建制镇位于设市城市规划区内的，其规划必须服从设市城市的总体规划。在编制依据上，应当依照《村镇规划标准》这一强制性国家标准进行。其主要内容包括：村镇规模分级和人口预测、村镇用地分类、规划建设用地标准、居住建筑用地、公共建筑用地、道路、对外交通和竖向规划、公共工程设施规划等。在编制原则要求上，除了与城市规划编制的原则要求相一致外，还应当符合以下要求：适应农村经济和社会发展的需要，规划中应体现促进乡镇企业适当集中建设，农村富余劳动力向非农业转移，加快农村二、三产业发展，加快农村城市化进程的原则精神；符合统一规划、合理布局、因地制宜、综合开发、配套建设的原则，要充分利用和改造现有小城镇，着重规划好基础设施和公共服务设施，加强环境保护，为生产、生活提供必要的条件；地处洪涝、地震、台风、滑坡等自然灾害容易发生地区的建制镇，应当按照国家和地方的有关规定，在建制镇总体规划中制定防灾措施，具体措施包括场地评价、地质评价、留出避难空间等。

（三）城市规划编制单位

1. 城市规划编制单位的设立

城市规划编制单位，是指按照国家规定批准设立的从事城市规划编制的单位。根据2001年1月23日建设部发布的《城市规划编制单位资质管理规定》的规定，设立城市规划编制单位，必须符合以下法定条件并遵守法定程序。

（1）设立条件　设立城市规划编制单位必须同时具备下列六个条件：第一，具备承担相应的城市规划编制任务的能力。其中甲级编制单位可以承担全国范围内的各种城市规划编制任务。乙级编制单位可以承担全国范围内的下列任务：20万人口以下的城市总体规划和各种专项规划的编制；详细规划的编制；研究拟定大型工程项目规划选址意见书。丙级编制单位可以在本省、自治区、直辖市承担的任务是：建制镇的总体规划编制和修订；20万人口以下的详细规划的编制、各项专项规划编制；中小型建设工程项目规划选址的可行性研究。甲、乙、丙级编制单位均可承担集镇规划和村庄规划的编制。第二，具有法定比例和法定人数的专业技术人员。甲级编制单位中具有高级技术职称的人员占全部专业技术人员的比例不低于20%，其中高级城市规划师不少于4人，具有其他专业高级技术职称的不少于4人（建筑、道路交通、给排水专业各不少于1人）；具有中级技术职称的城市规划专业人员不少于8人，其他专业（建筑、道路交通、园林绿化、给排水、电力、通讯、燃气、环保等）的人员不少于15人。乙级编制单位具有高级技术职称的人员占全部专业技术人员的比例不低于15%，其中高级城市规划师不少于2人，高级建筑师不少于1人，高级工程师不少于1人；具有中级技术职称的城市规划专业人员不少于5人，其他专业（建筑、道路交通、园林绿化、给排水、电力、通讯、燃气、环保等）人员不少于10人。丙级编制单位的专业技术人员不少于20人，其中城市规划师不少于2人，建筑、道路交通、园林绿化、给排水等专业具有中级技术职称的人员不少于5人。第三，达到国家城市规划行政主管部门规定的技术装备及应用水平考核标准。其中甲级编制单位须达到国务院城市规划行政主管部门规定的技术装备及应用水平考核标准；乙级和丙级编制单位须达到省、自治区、直辖市城市规划行政主管部门规定的技术装备及应用水平考核标准。第四，有健全的技术、质量、经营、财务、管理制度并得到有效执行。第五，达到法定最低注册资金数额。其中甲级编制单位的注册资金不少于80万元；乙级编制单位的注册资金不少于50万元；丙级编制单位的注册资金不低于20万元。第六，有固定的工作场所，人均建筑面积不少于10m^2。

　　(2) 设立程序　城市规划编制单位设立的程序是：第一，申请。申请城市规划编制资质的单位，应当向规定的城市规划行政主管部门提出申请，填写《城市规划编制资质证书》（以下简称《资质证书》）申请表。第二，初审。申请甲级资质的，由省、自治区、直辖市人民政府城市规划行政主管部门初审；申请乙级、丙级资质的，分别由所在地市、县人民政府城市规划行政主管部门初审。第三，审批。申请甲级资质的，由国务院城市规划行政主管部门审批，并核发《资质证书》；申请乙级、丙级资质的，由省、自治区、直辖市人民政府城市规划行政主管部门审批，核发《资质证书》，并报国务院城市规划行政主管部门备案。《资质证书》是国家核发的允许城市规划编制单位开展业务范围的法定资格凭证。《资质证书》的有效期为6年，期满3个月前，城市规划编制单位应当向发证部门申请换证。从事城市规划编制的单位应当取得《资质证书》并在其规定的业务范围内承担城市规划编制业务。任何单位委托编制规划，应当选择具有相应资质的城市规划编制单位。第四，核准登记。根据1992年10月5日建设部、国家工商行政管理局发布的《城市规划设计单位登记管理暂行办法》，城市规划编制单位是有偿从事城市规划编制业务的经营性单位，应经工商行政管理机关核准登记，领取营业执照后，方可开展经营活动。工商行政管理机关对国家不再拨发经费、实行自收自支或企业化经营的城市规划设计事业单位，经核准登记，核发《企业法人营业执照》；对国家核拨部分经费或全额核拨经费的城市规划设计事业单位，经核准登记，核发《营业执照》。

2. 城市规划编制单位的资质管理

（1）管理部门　国务院城市规划行政主管部门负责全国城市规划编制单位的资质管理工作；县级以上地方人民政府城市规划行政主管部门负责本行政区域内城市规划编制单位的资质管理工作。

（2）管理制度和措施　一是凭证从业制度。城市规划编制单位必须取得《资质证书》，并在《资质证书》规定的业务范围内承担城市规划编制业务；禁止转包城市规划编制任务；非独立法人的机构，不得以分支机构名义承揽业务。二是实行资质年检制度。城市规划编制单位未按规定进行资质年检或资质年检不合格的，发证部门可以责令其限期办理或限期整改，逾期不办理或者逾期整改不合格的，由发证部门公告收回其《资质证书》，并由工商行政管理部门注销其营业执照。三是实行跨省际承担规划编制任务备案制度。甲、乙级城市规划编制单位跨省、自治区、直辖市承担规划编制任务时，取得城市总体规划任务的，向任务所在地的省、自治区、直辖市人民政府规划行政主管部门备案；取得其他城市规划编制任务的，向任务所在地的市、县人民政府规划行政主管部门备案。两个以上甲、乙级城市规划编制单位跨省际合作编制城市规划的，共同向任务所在地相应的主管部门备案。

（四）城市规划的审批

1. 城市规划的审批机关及权限

根据《城市规划法》的规定，城市规划审批实行各级人民代表大会对城市总体规划实行审查制度和政府分级审批制度。

具体规定包括：

（1）城镇体系规划的审批　全国和省、自治区、直辖市的城镇体系规划，报国务院审批。

（2）城市总体规划的审查审批　城市和县人民政府在向上级人民政府报请审批城市总体规划前，必须经同级人民代表大会或其常委会审查同意。直辖市的城市总体规划，由直辖市人民政府报国务院审批；省和自治区人民政府所在地城市，城市人口在 100 万以上的城市和国务院指定的其他城市的总体规划，由省、自治区人民政府审查同意的，报国务院审批；其他设市城市和县人民政府所在地 镇的总体规划，报省、自治区、直辖市人民政府审批；其中市管辖的县级人民政府所在地镇的总体规划，报市人民政府审批；其他建制镇的总体规划报县级人民政府审批。

(3) 城市分区规划的审批　城市的分区规划由城市人民政府审批。

(4) 城市详细规划的审批　城市的控制性详细规划由城市人民政府审批；修建性详细规划，除重要的由城市人民政府审批外，由城市人民政府城市规划行政主管部门审批；建制镇的详细规划报建制镇的人民政府审批，但县人民政府所在地的建制镇的详细规划除外。

2. 城市规划的审批内容

各级人民政府及其城市规划行政主管部门在审查城市规划时，应特别注重审查以下几个方面的问题：①审查城市规划中涉及安全事项时，必须严格依照法律、法规、规章的规定和强制性标准进行审查，对不符合法律、法规、规章规定和强制性标准的，不得批准；②城市规划行政主管部门对城市总体规划审查时，应当严格按照法定程序，组织专家和有关部门对防火、防爆、抗震、防洪、防范地质灾害和治安、交通管理、人民防空建设等要求进行审查；③审查城市规划是否与国土规划、区域规划、江河流域规划、土地利用总体规划相协调；④审查城市规划是否有利于保护和改善城市生态环境，是否有利于防止污染和其他公害；⑤审查城市规划是否有利于保护历史文化遗产，有利于保持民族与地方特色；⑥审查城市规划是否做到了合理利用与节约土地资源、水资源和其他自然资源。

二、城市新区开发和旧区改建

(一) 城市新区开发

1. 城市新区开发的原则

城市新区开发是指按照城市总体规划，在城市现有建成区以外的一定地段，进行集中成片、综合配套的开发建设活动。新区开发是随着城市经济与社会的发展、城市规模的扩大，为了满足城市日益增长的生产、生活需要，逐步实现城市不同阶段的发展目标而进行的开发建设活动，它是城市建设和发展的重要组成部分。《城市规划法》第 23 条规定，城市新区开发和旧区改建必须坚持统一规划、合理布局、因地制宜、综合开发、配套建设的原则。统一规划要求：要把新区开发纳入城市规划的整体中综合考虑和布署，这是搞好城市建设的前提和基础。合理布局要求：在实施城市规划管理中，城市各项建设的选址、定点须有利于城市长远发展，防止环境污染和破坏，保持生态平衡，保证城市各项功能、各项建设之间关系的协调和集合效益。因地制宜原则要求：制定城市发展战略和安排建设项目，要从本地区的实际出发，顾及区域经济、社会发展的阶段和保持地方特色，利用地势和地貌塑造城市风格。综合开发和配套建设原则要求：新区开发要在制定的合理、可行、系统的配套方案的基础上，使基础设施、公共服务设施与主体建筑同步建设，提升城市环境与承载能力。

此外，《城市规划法》第26条规定，新区开发应当合理利用城市现有设施。这一规定要求：进行新区选址、安排大中型工业项目时，应当尽量依托现有市区或现有中小城镇进行建设，并充分考虑利用城市现有设施的可能性。

2. 城市新区开发的目的和内容

（1）城市新区开发的目的　一是解决城市建成区因历史原因或发展过快而形成的布局混乱、人口密度过高、交通负荷过重等弊端；二是为了比较完整地保护古城的完整风貌，在建城区外围进行集中成片的开发建设，以达到疏散和降低旧区人口密度、调整和缓解旧区压力、完善和改善旧区环境等。

（2）城市新区开发的内容　主要包括：第一，经济技术开发区的建设。它是在城市建成区之外的特定地区，通过提供优惠政策，创造良好的投资环境，以达到吸收中外投资，引进先进技术和进行横向经济联合的目的。第二，卫星城镇的开发建设。主要是出于有效控制大城市市区的人口和用地规模，按照总体规划要求，将市区需要搬迁的项目或新建的大中型项目安排到周围小城镇去，从而有计划、有重点地开发建设小城镇，逐步形成以大城市为中心的比较完善的城镇体系。第三，新工矿区的开发建设。新工矿区是国家或地方政府根据矿产资源开发和加工的需要，在城市郊区或郊县建设大、中型工矿企业，并逐步形成相对独立的工矿区，在统一规划下进行的配套建设。

（二）城市旧区改建

城市旧区改建是指按照城市规划的原则和要求，对城市旧区的布局、结构及各项设施进行的保护、利用、充实和更新。城市旧区是城市在长期历史发展过程中逐步形成的进行各项政治、经济、文化、社会活动的居民集聚区。它一方面记载了城市在各个不同历史阶段的发展轨迹和优秀的文化传统，另一方面也积累了历史遗留下来的种种弊端和缺陷。因此，按照统一的城市规划，在保护好城市旧区内优秀的历史文化遗产和传统风貌的同时，有计划、有步骤、有重点地改造城市旧区不利于城市经济、社会发展需要的问题，十分必要。

1. 城市旧区改建的原则

城市旧区的改建,除了要坚持与新区开发相同的基本原则外,依据《城市规划法》第27条的规定,旧区改建还应遵循加强维护、合理利用、调整布局、逐步改善的原则。根据旧区改建的原则要求,当地人民政府应当采取有效措施,切实保护具有重要历史意义、革命纪念意义、文化艺术和科学价值的文物古迹和风景名胜;有选择地保护一定数量代表城市传统风貌的街区、建筑物和构筑物,划定保护区和建设控制地区。

2. 城市旧区改建的重点

城市旧区改建的重点是对危房集中、设施简陋、交通阻塞、污染严重的地区进行综合整治,通过成片拆除重建或局部调整改建的方法,使各项设施逐步配套完善。城市旧区改建的最终目标是要改善环境质量、交通运输和生活居住条件,加强城市基础设施和公共设施的建设,提高城市综合功能。

三、城市规划的实施管理

根据《城市规划法》的有关规定,城市规划实施的管理核心是严格"一书两证"制度,即核发选址意见书制度、建设用地规划许可证制度、建设工程规划许可证制度。

(一)建设项目选址意见书制度

1. 选址意见书及其适用范围

建设项目选址意见书是指在建设工程的立项过程中,建设单位上报给计划行政主管部门的项目建议书、可行性研究报告等文件中,必须附有城市规划行政主管部门核发的拟建建设工程的具体方位和范围的书面文件。《城市规划法》第30条规定:"城市规划区内的建设工程的选址和布局必须符合城市规划。设计任务书报请批准时,必须附有城市规划行政主管部门的选址意见书。"这一规定将建设项目可行性研究阶段的计划管理与规划管理有机结合起来,使设计任务书(现统一为可行性研究报告)编制的既科学合理,又符合城市规划的要求,选址意见书主要适用于新建的大中型工业与民用项目。

2. 选址意见书的内容

建设项目选址意见书的内容包括三个方面:一是建设项目的基本情况,包括建设项目名称、性质、用地与建设规模、供水与能源的需求量、采取的运输方式与运输量,以及废水、废气、废渣的排放方式和排放量。二是建设项目规划选址的依据,主要包括:经批准的项目建议书;建设项目与城市规划是否协调,建设项目与城市交通、通讯、能源、市政、防灾规划是否协调;建设项目配套的生活设施与城市生活居住及公共设施规划是否衔接与协调；建设项目对于城市的环境可能造成的污染和影响。三是建设项目与城市环境保护规划、风景名胜、文物古迹保护规划是否协调。

3. 选址意见书的申请、核发程序

建设单位申请核发选址意见书，须向城市规划行政主管部门报送下列文件：项目选址申请书；建设项目建议书、可行性研究报告；工业项目或对环境有特殊要求的项目应加送工艺基本情况（对水陆运输、能源、市政、公用配套的要求），建成后可能对周边环境带来的影响、对周边地区建设的建设性控制要求及"三废"排放量与排放方式（环保评价书、卫生防疫、消防安全等资料）；利用原址建设或有选址意向的建设项目，附送1∶500或1∶1000地形图或航测图、土地权属证书和房屋产权证书。

城市规划行政主管部门接到建设单位的申请后，应进行现场检查，审核有关文件，对符合城市规划要求的发给选址意见书，同时提出规划限定要求；对不符合规划要求的设计项目，由城市规划行政主管部门书面通知报建单位，并告知选址不当的主要原因。

（二）建设用地规划许可证制度

1. 建设用地规划许可证及其意义

建设用地规划许可证是指建设单位和个人在向土地行政主管部门申请征用、划拨土地前，经城市规划行政主管部门确认的建设项目位置和范围符合城市规划的法定凭证。《城市规划法》第31条规定："建设单位或者个人在取得建设用地规划许可证后，方可向县级以上地方人民政府土地管理部门申请用地，经县级以上人民政府审查批准后，由土地管理部门划拨土地。"《城市规划法》第39条规定："在城市规划区内，未取得建设用地规划许可证而取得建设用地批准文件、占用土地的，批准文件无效，占用的土地由县级以上人民政府责令退回。"上述法律规定表明，建设用地规划许可证具有强制性、不可替代性和不可超越性的法律特征。

核发建设用地许可证的意义在于：确保建设项目利用的土地符合城市规划，维护建设单位和个人按照城市规划使用土地的合法权益，为土地管理部门在城市规划区内行使权属管理职能提供必要的法律依据。

2. 建设用地规划许可证的适用范围

根据有关规定，建设用地规划许可证的适用范围大体包括以下几个方面：一是新建、扩建、迁建需要使用土地的，如国家重点工程建设需要征用农田、集体土地进行建设的；二是需要改变本单位土地使用性质进行建设的，如原居民用地变为工业用地，办公用地变为商业用地；三是调整交换用地建设的，如相关或相邻单位为生产、生活方便，交换用地进行建设；四是国有土地使用权出让、转让的，如国家或地方政府进行土地招标、单位或个人转让土地使用权进行建设；五是因建设需要临时使用土地的。

3. 建设用地规划许可证的申请、核发程序

申请建设用地许可证的单位和个人必须提供以下文件：《建设用地规划许可证》申请；建设项目选址意见书；建设项目可行性研究报告批准文件或其他计划批准文件；表示建设用地位置与环境关系的地形图或航测图，规划设计总图或建筑设计方案；相关行业管理部门对设计方案的意见；建设单位以国有土地进行建设的土地使用权出让、转让合同等土地权属证明。

城市规划行政主管部门在核发建设用地许可证前，一般要经过下列步骤：首先，对用地现场实地调查。对用地现场实地调查的目的，在于充分了解建设用地地段与周边环境的现状，并查清拟建项目对周边环境的相关影响，使拟建项目符合功能分区的要求。其次，审查有关文件。审查文件的主要目的，在于审查申请人提供的文件是否真实，是否符合城市规划的要求。第三，征求意见。征求意见包括征求环境保护、消防安全、文物保护、土地管理等部门的意见，了解和分析拟建项目对有关专业规划的影响。第四，提供设计条件。城市规划行政主管部门在初审通过后，向建设单位提供标明现状和规划的道路建设用地位置与范围的红线图，并提出规划设计条件和要求。最后视具体情况决定是否核发建设用地规划许可证。

4. 建设用地审批后的管理

建设用地审核批准后，城市规划行政主管部门应当加强监督检查工作。监督检查的内容包括两个方面：一是用地复核。主要是城市规划行政主管部门对征用、划拨的土地进行验桩。二是用地检查。主要是城市规划行政主管部门根据城市规划的要求，对建设用地的使用情况进行监督检查，以便于随时发现问题，纠正、查处违法占地建设行为。

（三）建设工程规划许可证制度

1. 建设工程规划许可证及其作用

建设工程规划许可证是指建设单位和个人申请城市规划行政主管部门审查、确认其拟建的建设工程符合城市规划，并准予办理开工手续的法律凭证。《城市规划法》第32条规定："在城市规划区内新建、扩建和改建建筑物、构筑物、道路、管线和其他工程设施，必须持有关批准文件向城市规划行政主管部门提出申请，由城市规划行政主管部门根据城市规划提出的规划设计要求，核发建筑工程规划许可证件。建设单位或者个人在取得建设工程规划许可证件和其他有关批准文件后，方可申请办理开工手续。"这一规定是保证城市各项建设活动严格按照城市规划的要求进行，防止违法建设活动发生的重要法律措施。

建设工程规划许可证制度的作用主要表现在以下三个方面：一是确认有关建设活动的合法性，保护有关建设单位和个人的合法权益。二是城市规划行政主管部门及其管理工作人员监督建设活动的法定依据。城市规划管理工作人员要根据建设工程规划许可证规定的内容和要求进行监督检查，并将其作为纠正和处罚违法建设活动的法律依据。三是建设工程规划许可证是城市规划行政主管部门有关城市建设活动的重要历史资料和城市建设档案的主要内容。

2. 建设工程规划许可证的申请、核发程序

建设单位和个人申请城市规划行政主管部门核发建设工程规划许可证，须报送下列文件：《建设工程规划许可证》申请；地形图或航测图；当年基本建设计划投资批文；有关行业主管部门对工程设计方案的意见；建设用地规划许可证、批准的规划设计的总图；用地权属证明；相关房产的权属证明（如拆除或接建的）；结构、基础鉴定报告（接层或改建的）；设计方案图纸；初步设计方案图纸；施工图纸。

核发建设工程规划许可证，一般分为对建设申请的审查、确定建设工程规划设计要求、设计方案审查和核发建设工程规划许可证四个步骤。首先，城市规划行政主管部门对建设申请进行审查。审查的主要依据是建设单位提供的经批准的计划投资文件，上级主管部门批准建设的批件和建设用地规划许可证。以确定建设工程的性质、规模等是否符合城市规划的布局和发展要求，并对建设工程涉及相关主管部门的，根据情况和需要征求有关行政主管部门的意见，进行综合协调。其次，确定建设工程规划设计要求。城市规划行政主管部门对建设申请审查后，根据建设工程所在地段详细规划的要求，提出规划设计要求，核发规划设计要点通知书。建设单位按规划设计要点通知书的要求，委托设计部门进行方案设计工作。再次，进行设计方案审查。设计方案审查是在建设单位提出设计方案、文件和图纸后，城市规划行政主管部门对各个方案的总平面布置、交通组织情况、工程周围环境关系和个体设计体质量、层次、造型等进行审查比较，确定规划设计方案，核发设计方案通知书。建设单位据此委托设计单位进行施工图设计。最后，核发建设工程规划许可证。建设单位持注明勘察设计证书的总平面图、单体建筑设计的平、立、剖面图，基础图，地下室平、剖面图等施工图纸，交城市规划行政主管部门进行审查，经审查核准后，发给建设工程规划许可证。

3. 建设工程审批后的管理

建设工程审批后的管理，是城市规划行政主管部门依法进行事后监督检查的重要环节。其管理的内容主要包括验线、现场检查和竣工验收。一是验线。建设单位应当按照建设工程规划许可证的要求放线，并经城市规划行政主管部门验线后方可施工。二是现场检查。即城市规划管理工作人员依其职责深入有关单位和施工现场，核查建设工程的位置、施工等情况是否符合规划设计条件。三是竣工验收。竣工验收是基本建设程序的最后一个阶段。竣工验收通常由城市建设行政主管部门委托符合资质条件的建筑工程质量监督单位进行，规划部门参加竣工验收，对建设工程是否符合规划设计条件的要求进行最后把关，以保证城市规划区内各项建设符合城市规划。城市规划区内的建设工程竣工验收后，建设单位应当在 6 个月内将竣工资料报送城市规划行政主管部门。

（四）对建制镇建设活动的管理

建制镇建设活动的管理制度同样实行"一书两证"制度。其主要内容包括以下三个方面：

1. 取得选址意见书

在建制镇规划区内的建设工程项目，建设单位必须取得县级以上建设行政主管部门的选址意见书，才能报计划部门批准。

2. 取得建设用地规划许可证

在建制镇规划区内申请用地的建设单位，必须先取得建设用地规划许可证。首先，由建设单位持建设项目的批准文件，向建制镇建设行政主管部门提出申请。其次，由建制镇建设行政主管部门依据建制镇规划以及所在市、县总体规划的要求，具体确定用地地点、位置和范围，提出规划设计条件的意见，并报县级人民政府建设行政主管部门审批。最后，由县级人民政府建设行政主管部门对上报的有关材料进行审查，对用地性质、规模和布局符合建制镇规划要求的，发给建设用地许可证。

3. 取得建设工程规划许可证

在建制镇规划区内新建、扩建和改建建筑物、构筑物、道路、管线和其他工程的，必须取得建设工程规划许可证。首先，由建设单位持上级主管部门批准建设的文件和建设用地规划许可证，向建制镇建设行政主管部门申请。其次，由建制镇建设行政主管部门主要对工程项目施工图进行审查，确定建设工程的性质、规模等是否符合建制镇的布局和发展方向，并据此提出是否发给建设工程规划许可证的意见，报县级人民政府建设行政主管部门审批。最后，由县级人民政府建设行政主管部门进行审核批准，对于符合建制镇规划设计条件的,发给建设工程规划许可证。

上述《城市规划法》规定的"一书两证"制度,在城市规划区内的工程建设主要程序中所处的地位,可图示如下:

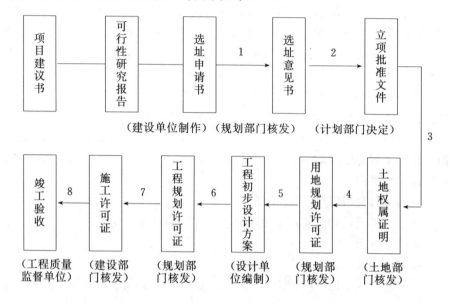

第三节 违反《城市规划法》的法律责任

一、违法占地行为及法律责任

违法占地行为,是指行为人未取得城市规划行政主管部门核发的建设用地规划许可证而占用城市规划区土地的行为。根据《城市规划法》第31条规定,在城市规划区进行建设的单位或个人,必须先取得城市规划行政主管部门核发的建设用地规划许可证之后,方可向县级以上地方人民政府土地管理部门申请用地,经有关土地管理部门进行审查,然后报县级以上人民政府批准,最后再由有关土地管理部门征用或划拨土地。这一规定表明,任何建设单位和个人取得建设用地规划许可证是申请征用集体土地、划拨国有土地的法定必经程序和条件。这一强制性法律规定的实质在于确保城市规划区内的用地行为必须符合城市规划,杜绝任意占用城市规划区土地进行建设的违法行为。

根据《城市规划法》第39条的规定,任何单位和个人在城市规划区内占用土地,未取得城市规划行政主管部门核发的建设用地规划许可证,无论通过哪种渠道和采用何种手段,即使取得了建设用地批准文件而占用土地的,该批准文件依法无效,不受国家法律保护。对行为人占用的土地由县级以上人民政府责令退回。非法占用土地,构成犯罪的,依照刑法追究刑事责任。

二、违法建设行为及法律责任

违法建设行为,是指行为人未取得城市规划行政主管部门核发的建设工程规划许可证,或者违反建设工程规划许可证的规定在城市规划区内进行建设的行为。工程建设程序是法律、法规规定的从事工程建设活动必须遵守的先后次序,从工程建设的自然过程而言,完成一个建设项目要依次经过项目可行性研究、立项报批、建设用地及城市规划许可、工程勘察、工程设计、工程施工、竣工验收和交付使用等若干阶段。任何单位和个人超越工程建设程序进行建设活动均属于违法行为。对工程建设实践中未取得建设工程规划许可证而通过各种方式取得建设行政主管部门的施工许可证进行施工建设,或者取得建设工程规划许可证但违反建设工程规划许可证规定进行建设的行为,依法应当认定为违法建设行为。

根据《城市规划法》第40、41条的规定,违法建设行为虽然影响城市规划但尚可采取改正措施补救的,由县级以上地方人民政府城市规划行政主管部门责令限期改正,并处罚款;对违法建设严重影响城市规划的,由县级以上地方人民政府城市规划行政主管部门责令停止建设,限期拆除或者没收违法建筑物、构筑物或者其他设施;对违法建设单位的有关责任人员,由其所在单位或者上级主管部门给予行政处分。

三、城市规划编制单位的违法行为及责任

城市规划编制单位违反《城市规划编制单位资质管理规定》的违法行为包括以下四种情形:

(一)未取得资质证书承担城市规划编制业务的行为

无城市规划编制资质证书的单位承担城市规划编制业务的,由县级以上地方人民政府城市规划行政主管部门责令其停止编制活动,对其规划编制成果不予审批,并处1万元以上3万元以下的罚款。

（二）超越资质证书规定的业务范围承接规划编制任务或者提交的规划编制成果不符合要求的行为

城市规划编制单位超越资质证书规定的业务范围承担规划编制任务，或者提交的编制成果不符合要求的，由县级以上地方人民政府城市规划行政主管部门给予警告，情节严重的，由发证部门公告其资质证书作废，收回资质证书。

（三）甲、乙级城市规划编制单位跨省（自治区、直辖市）承担规划编制任务违反备案制度的行为

甲、乙级城市规划编制单位跨省（自治区、直辖市）承担城市总体规划编制任务时，未向任务所在地的省（自治区、直辖市）人民政府城市规划行政主管部门备案，或者承担其他城市规划编制任务，未向任务所在地的市、县人民政府城市规划行政主管部门备案的，由任务所在地的省（自治区、直辖市）人民政府城市规划行政主管部门给予警告，责令其补办备案手续，并处1万元以上3万元以下的罚款。

（四）骗取、伪造、涂改资质证书和违法使用资质证书以及转包城市规划编制任务的行为

行为人实施弄虚作假骗取资质证书，涂改、伪造、转让、出卖、出借资质证书或者转包城市规划编制任务，只要具有上述行为之一的，由县级以上地方人民政府城市规划行政主管部门对其编制成果不予审批，责令限期整改，处以1万元以上3万元以下的罚款，并由发证部门公告资质证书作废，收回资质证书。

四、城市规划行政主管部门工作人员的违法行为及法律责任

《城市规划法》第43条规定，城市规划行政主管部门工作人员玩忽职守、滥用职权、徇私舞弊的，由其所在单位或者上级主管机关给予行政处分。情节严重构成犯罪的，依法追究刑事责任。所谓玩忽职守，是指行为人严重不负责任、不履行或不认真履行职责，致使公共财产、国家和人民利益遭受损失但尚未构成犯罪的行为；滥用职权是指行为人违反法定权限和程序，非法行使本人职务范围内的权力，或者超越其职权实施有关行为，致使公共财产、国家和人民利益遭受损失但尚未构成犯罪的行为；徇私舞弊行为是指行为人视其神圣公职为儿戏，为了一己之私而徇情枉法，损害国家管理活动，致使公共财产或者国家与人民利益遭受一定损失的违法行为。

第四节 村庄和集镇规划管理

一、村庄和集镇规划的编制和审批

（一）村庄和集镇规划的编制

1993年6月29日，国务院发布了《村庄和集镇规划建设管理条例》（以下简称《管理条例》）。《管理条例》规定，村庄是指农村村民居住和从事各种生产的聚居点；集镇是指乡、民族乡人民政府所在地和经县级人民政府确认由集市发展而成的作为农村一定区域经济、文化和生活服务中心的非建制镇。《管理条例》对村庄和集镇规划的编制原则、编制主体、编制内容作出了如下规定：

1. 编制原则

编制村庄和集镇规划的原则是：第一，根据国民经济和社会发展计划，结合当地经济发展的现状和要求，以及自然环境、资源条件和历史情况等，统筹兼顾、综合部署村庄和集镇的各项建设；第二，处理好近期建设与远景发展、改造与新建的关系，使村庄和集镇的性质、建设的规模、速度、标准同经济发展和农村生活水平相适应；第三，合理用地、节约用地，各项建设应当相对集中，充分利用原有建设用地，新建、扩建工程及住宅应当尽量不占耕地和林地；第四，有利生产，方便生活，合理安排住宅、乡（镇）村企业、乡（镇）村公共设施和公益事业等的建设布局，促进农村各项事业协调发展，并适当留有发展余地；第五，保护和改善生态环境，防治污染和其他公害，加强绿化和村容镇貌的环境卫生建设；第六，以县域规划、农业区划、土地利用总体规划为依据，并同有关规划相协调。

2. 管理部门和编制主体

根据《管理条例》第6条的规定，县级以上地方人民政府建设行政主管部门主管本行政区域的村庄、集镇规划建设管理工作，乡级人民政府负责本行政区域的村庄、集镇规划建设管理工作。《管理条例》第8条规定，村庄、集镇规划由乡级人民政府负责组织编制并监督实施。

3. 编制内容

编制村庄、集镇规划一般分为村庄、集镇总体规划和村庄、集镇建设规划两部分内容。

（1）村庄、集镇总体规划　村庄、集镇总体规划是指乡级行政区域内村庄和集镇布点规划及相应的各项建设的总体部署。规划期一般为10～20年，近期建设规划考虑3～5年。

村庄、集镇总体规划的主要内容包括：乡级行政区域的村庄、集镇布点，村庄和集镇的交通、供水、供电、邮电、商业、绿化、防灾、环境卫生等生产和生活服务设施的配置。

（2）村庄、集镇建设规划　村庄、集镇建设规划是指在村庄、集镇总体规划指导下，对村庄和集镇的各项建设作出的综合部署和具体安排。其主要任务是对村镇内的居住建筑、公共建筑、道路绿化、给水、排水、电力、电信等各项建设以及环境保护、防灾等各项措施进行统筹安排，具体落实。

村庄建设规划的主要内容，可以根据本地区经济发展水平，参照集镇建设规划的编制内容，主要对住宅和供水、供电、道路、绿化、环境卫生以及生产配套设施作出具体安排。

集镇建设规划的主要内容包括：住宅、乡（镇）村企业、公共设施、公益事业等各项建设的用地布局、用地规模、有关技术经济指标，近期建设工程以及重点地段建设具体安排。

（二）村庄和集镇规划的审批

根据《管理条例》的有关规定，村庄、集镇总体规划和集镇建设规划，须经乡级人民代表大会审查同意，由乡级人民政府报县级人民政府批准；村庄建设规划，须经村民大会讨论同意，由乡级人民政府报县级人民政府批准。

二、村庄和集镇建设活动管理

（一）建设用地规划管理

1. 申请选址定点

建设单位或个人在申请用地之前，须先向县级人民政府建设行政主管部门或者乡级人民政府申请选址定点，由主管部门确定可以使用的土地位置和界限。这是申请征用、划拨土地以及取得土地使用权的前提条件。

2. 主管部门具体确定建设用地的位置和范围

县级人民政府建设行政主管部门或者乡级人民政府应当根据建设项目的性质、规模、使用要求和外部关系，综合研究其与周围环境的协调，对拟征用土地自然条件的限制，以及公共设施、环境保护、防洪、防震、防灾、消防等方面的技术要求，提出建设用地方案，具体确定建设用地的位置和范围，划出规划红线，再提供有关规划设计条件，作为进行总平面设计的重要依据。

3. 出具选址意见

县级人民政府建设行政主管部门审查总平面设计，确认其符合规划要求后，方可出具选址意见书。

（二）建设用地规划审批

农村村民、城镇非农业户口居民、回原籍乡村落户的职工、退伍军人和离退休干部以及回家乡定居的华侨、港澳台同胞，是村庄和集镇住宅建设的主体。这些主体在村庄和集镇规划区内建筑住宅，均应当依照《管理条例》第18条的规定，办理建设用地规划审批手续，领取选址意见书。住宅建设用地规划审批依法经过下列五个步骤：

1. 建房者提出建房申请

建房者是农村村民的，通常向所隶属的村民委员会提出申请；城镇非农业户口居民、回原籍落户的职工、退伍军人和离退休干部以及回乡定居的华侨、港澳台同胞，向乡级人民政府提出申请。村民委员会对申请人的建房申请，应当召开村民大会或村民代表大会进行讨论，讨论通过后，将建房申请报乡级人民政府审核。

2. 对建房申请的审查

乡级人民政府根据本区域内的建房规定和村庄、集镇规划，确定建房的具体地点和用地范围。对申请耕地建房的，由乡级人民政府审核后报县级人民政府建设行政主管部门审查。

3. 提出规划设计要点

乡级人民政府和县级人民政府建设行政主管部门根据拟建住宅所在村庄或集镇的规划设计要求，提出具体的规划设计要点，作为进行住宅设计或者选用通用住宅设计图的重要依据。

4. 核发选址意见书

对村民使用原有宅基地、村内空闲地和其他土地建房的，由乡级人民政府发给选址意见书；村民使用耕地或者申请使用村庄、集镇规划区内土地建房的，由县级人民政府建设行政主管部门发给选址意见书。

5. 批准用地

申请建房者持上述选址意见书向县级人民政府土地管理部门申请用地，经县级人民政府批准后，由县级人民政府土地管理部门划拨土地。但使用原有宅基地、村内空闲地和其他非耕地的土地建房的，由乡级人民政府批准用地。

此外，《管理条例》对乡（镇）村企业、公共设施、公益事业建设用地的规划审批管理，也作出了如下具体规定：第一，提出建设申请。建设单位和个人持县级以上人民政府批准的可行性研究报告或其他批准文件,向县级人民政府建设行政主管部门提出选址定点申请。第二,审查建设申请。县级人民政府建设行政主管部门对建设申请进行审查,以确定建设工程的性质、规模等是否符合村庄、集镇规划布局和未来发展的要求;对于涉及文物保护、乡镇企业、交通、环保、防疫、消防等相关行业主管部门的建设项目,根据实际情况和需要分别征求有关行业行政主管部门的意见;根据村庄、集镇规划的要求确定具体的建设地点和用地范围,并提出规划设计要点,作为进行工程设计的依据。第三,发给选址意见书。县级人民政府建设行政主管部门对批准的建设申请,发给建设单位或者个人选址意见书。第四,建设单位或个人持选址意见书,向法定主管部门办理申请用地手续。

三、违反村庄和集镇规划建设管理的法律责任

(一) 违法占地行为

违法占地行为是指行为人未按法定程序取得建设规划用地许可证在村庄、集镇规划区内占用土地的行为。根据《管理条例》第36条规定,在村庄、集镇规划区内,未按规划审批程序批准而取得建设用地批准文件占用土地的,该批准文件无效,被占用的土地由乡级以上人民政府责令退回。

(二) 违法建设行为

违法建设行为是指行为人未按规划审批程序或者违反规划的规定,在村庄、集镇规划区内实施影响村庄、集镇规划的建设行为。根据《管理条例》第37条规定,违法建设行为严重影响村庄、集镇规划的,由县级人民政府建设行政主管部门责令停止建设,限期拆除或者没收违法建筑物、构筑物和其他设施;影响村庄、集镇规划但尚可采取改正措施的,由县级人民政府建设行政主管部门责令限期改正,处以罚款。农村居民违法建住宅的,由乡级人民政府依照前述规定处罚。

(三) 勘察设计单位的违法行为

勘察设计单位违反《管理条例》的违法行为包括:未取得设计资质证书的勘察设计单位,承担建筑跨度、跨径和高度超出规定范围的工程以及2层以上住宅的设计任务或者未按设计资质证书规定的经营范围承担设计任务的;取得勘察设计资质证书的勘察设计单位,为无资质证书单位提供资质证书或者超过规定的经营范围承担设计且质量不符合要求的。

根据《管理条例》第38条规定,对上述行为由县级人民政府建设行政主管部门责令停止设计、限期改正,并可处以罚款;情节严重的,由原发证机

关吊销设计资质证书。

（四）施工单位的违法行为

施工单位的违法行为包括：未取得施工资质等级证书或者未按规定的经营范围承担施工任务的；未按有关技术规范施工或者使用不符合工程质量要求的建筑材料的；未按设计图纸施工或者擅自修改设计图纸的；取得施工资质证书的施工单位为无证单位提供资质证书的；施工的质量不符合要求的。

根据《管理条例》第38条的规定，对施工单位的上述行为，由县级人民政府建设行政主管部门责令停止施工、限期改正，并可处以罚款；情节严重的，由原发证机关吊销施工资质证书。

（五）违法修建临时建筑物、构筑物和其他设施的行为

行为人擅自在村庄、集镇规划区内的街道、广场、市场和车站等场所修建临时建筑物、构筑物和其他设施的，由乡人民政府责令限期拆除，并可处以罚款。

（六）村庄、集镇建设管理人员的违法行为

村庄、集镇建设管理人员玩忽职守、滥用职权、徇私舞弊的，由所在单位或者上级主管部门给予行政处分；构成犯罪的，依法追究刑事责任。

复习思考题

一、问答题

1. 我国城市规划的方针是什么？依据什么标准划分大、中、小城市？
2. 我国实行什么样的城市规划管理体制？
3. 我国城市规划的原则有哪些？
4. 设立城市规划编制单位应具备哪些条件？具备条件后，应向哪个部门提出申请办理《城市规划编制资质证书》？资质管理的制度和措施是什么？
5. 城市规划的审批内容包括哪些？
6. 城市新区开发和旧区改建的原则是什么？
7. 何为"一书两证"？应通过怎样的程序申请、核发？
8. 违反《城市规划法》的责任是如何规定的？

二、案例分析题

1. 2001年7月3日，飞龙房地产开发公司（以下简称飞龙公司）根据该市规划向市计划委员会递交了《关于开发改造江汉大道的立项报告》，并经行业主管部门市房地产管理局审查同意立项，市房地产管理局向市计划委员会也送达了同意立项的书面意见，市计划委员会研究同意后批复下文。飞龙公司持市房地产管理局和市计划委员会两个部门的批件向市土地规划管理局递交了申请报告，填写了建设用地申请书。8月30日，土地规划管理局签发了审批意见，内容是："经市长办公会研究同意征用土地"，9月10日，分管市长

签署了"同意"的意见。

2001年10月5日,该市振兴房地产开发公司(以下简称振兴公司)向市土地规划管理局递交了《关于申请办理建设用地许可证的报告》,报告内容为:在飞龙公司拟征用开发的土地范围内建房5 000m²,请求市土地规划管理局给其办理建设用地手续。市土地规划管理局对振兴公司的报告,签署了"同意办理用地手续"的意见,并于10月25日,为其颁发了《建设用地规划许可证》,但其用地5 000m²的位置位于飞龙公司经有关部门签署的同意征用的15 000m²范围之内。11月5日,市土地规划管理局为飞龙公司核发了10 000m²的《建设用地规划许可证》。

试分析:(1)飞龙公司办理城市建设用地许可证是否符合法定程序?(2)市房地产规划管理局为振兴公司颁发建设用地许可证的程序是否合法?其行为是否属于滥用职权行为,依法应如何处理?

2. A市城市规划设计院是经该省城市规划行政主管部门批准设立的具有乙级资质的城市规划编制单位。2001年10月,经人介绍有意到甲省B市承担该市(50万人口)的新区园林绿化规划编制任务。A市规划设计院为了能承揽到上述业务,找人将其资质证书改为甲级资质证书,然后避开甲省B市的城市规划行政主管部门,通过个人关系与甲省B市的有关单位订立了设计合同书。

A市城市规划设计院承揽到上述编制任务后,将该编制任务以高于原合同10万元的规划编制费用,转包给了其住所所在地的某城建管理专科学校,由该校有关教学人员实际进行具体的园林绿化规划编制工作。

试分析:(1)A市城市规划设计院是否具备承担了甲省B市新区的园林绿化专项规划编制任务的相应资质?为什么?(2)该院将其乙级资质证书改为甲级资质证书,又将其承揽的城市规划编制任务转包给他人,其行为是否合法?若不合法,依法应当如何处罚?(3)你认为A市城市规划设计院在承揽上述规划编制业务的过程中,是否还有其他违法行为?若有,对其应当如何处罚?

第二章

文物保护法律制度

【本章提要】 本章介绍了文物的分级、文物保护的范围和要求、《文物保护法》的宗旨和主要法律规定等内容。通过本章学习，了解文物的分级及所有权的规定，熟悉文物保护的措施和要求，掌握文物保护的主要法律规定。

第一节 《文物保护法》概述

一、文物保护的意义和要求

（一）文物保护

1. 文物

文物是指在我国境内遗存的具有历史、艺术和科学价值的人类文化遗产。文物是国家的宝贵财富，是不可再生的文化资源。它作为人类活动的实物遗存，无论最初它是精神的还是物质的，先进的还是落后的，乃至于它当时服务于革命的还是反革命的，都从不同侧面和领域揭示一定的历史现象，体现我国历代先民的思想道德和科学文化水平，它的价值和作用是永恒的。人们可以对某一段历史作出不同的评价。但是，反映这段历史的文物的价值并不受人们对历史评价的影响，都是保护、研究和利用的对象。

2. 文物保护

文物保护是指防止、限制和禁止对保护对象的威胁、干扰和破坏，保证保护对象健康地可持续发展，没有保护，就不可能有可持续发展。文物保护的目的就是为了使文物的生命尽可能无限延长，已达到永续利用，充分发挥文物的作用，利用文物进行研究、宣传、教育，充分发挥其社会效益和经济效益。

文物保护是关系到国家和民族利益的千秋事业；是国家主权独立，民族团结，经济繁荣，文化发达的标志之一；是世代相传，不可中断的历史任务。因此，文物保护要坚定不移地贯彻执行"保护为主，抢救第一，合理利用，加强管理"的文物工作方针，将工作落到实处。

3. 文物保护的范围

文物保护的范围是在中华人民共和国境内，下列具有历史、艺术、科学价值的文物，受国家保护：具有历史、艺术、科学价值的古文化遗址、古墓葬、古建筑、石窟寺和石刻、壁画；与重大历史事件，革命运动或者著名人物有关的以及具有重要纪念意义、教育意义或者史料价值的近代现代重要史迹、实物、代表性建筑；历史上各时代珍贵的艺术品、工艺美术品；历史上各时代重要的文献资料以及具有历史、艺术、科学价值的手稿和图书资料等；反映历史上各时代、各民族社会制度、社会生产、社会生活的代表性实物。此外，具有科学价值的古脊椎动物化石和古人类化石同文物一样受国家保护。

对日常的文物保护对象的保护工作，根据法律规定：全国文物工作由国家文物行政部门即国家文物局主管。地方各级人民政府保护本行政区域内的文物。县级以上地方人民政府承担文物保护工作的部门对本行政区域内的文物保护实施监督管理。县级以上人民政府有关行政部门在各自的职责范围内，负责有关的文物保护工作。同时规定一切机关、组织和个人都有依法保护文物的义务。特别是公安机关、工商行政管理部门、海关、城乡建设规划部门和其他有关国家机关，应当依法认真履行所承担的保护文物的职责，维护文物管理秩序。

（二）文物保护法

《中华人民共和国文物保护法》是我国文化领域里的第一部专门法律，是1982年由第五届全国人民代表大会常务委员会第二十五次会议公布实施的，1991年6月29日第七届全国人民代表大会常务委员会第二十次会议对该法的第30条、第31条进行审议修改。国家文物局依据《中华人民共和国文物保护法》制定了《中华人民共和国文物保护法实施细则》（以下简称《文物保护法实施细则》），于1992年4月30日经国务院批准，1992年5月5日国家文物局第2号令发布施行。2002年10月28日第九届全国人民代表大会常务委员会第三十次会议通过修订后的《中华人民共和国文物保护法》（以下简称《文物保护法》），由中华人民共和国主席令2002年第76号予以公布施行。《文物保护法》的内容分为总则、不可移动文物、考古发掘、馆藏文物、民间收藏文物、文物进境出境、法律责任、附则共分8章80条。

（三）文物保护的意义

我国是历史悠久的文明古国，是世界上保存文物最多的国家之一。我国已公布全国重点文物保护单位 1 268 处、历史文化名城 99 座，已列入世界文化遗产的有 20 处和文化与自然双重遗产 4 处；省级文物保护单位 7 000 余处；县级文物保护单位约 6 万处。通过不同规模的文物普查及相关工作，已基本摸清了我国文物的家底，目前已知的地上地下不可移动文物有近 40 万处；保存在文物收藏机构，以及全民、集体所有制单位和个人手中的可移动文物，更是数以千万计。丰富多彩的历史文物遍布中华大地，反映了中华民族上下五千年绵延不绝的生存、斗争、发展的历史，具有重要的历史、艺术和科学价值，是全民族的最珍贵的历史文化遗产。保护文物、发挥文物作用，对于促进社会主义物质文明和精神文明建设，促进中华民族和社会主义祖国的兴旺、繁荣昌盛有着多方面的重大意义。

1. 文物保护有利于维护民族团结和国家的统一

我国自古就是一个多民族的统一的国家，中华民族的悠久历史和灿烂文化，为 50 多个兄弟民族所共同创造和共同享有。任何一个民族，要通过本民族的历史文物来认识本民族，也要通过其他民族的历史文物来认识其他民族。大量的历史文物作为民族团结的象征，蕴藏着巨大的感召力和凝聚力，在维护民族的团结和国家的统一方面发挥着无可替代的纽带作用。

2. 保护好历史文物是进行爱国主义教育的生动教材

保护好历史文物，用它来教育子孙后代正确认识中华民族勤劳勇敢、坚韧不拔、艰苦奋斗的光辉历史，继承和弘扬民族的优良传统，增强民族自信心和自豪感，发挥历史文物的爱国主义教育作用，对于培养中华民族的一代新人，具有重要的现实意义。

3. 文物是历史文化研究和现代科技文化创新、发展的依据

文物作为历史文化的载体，是历史研究的第一手史料，是科学发明和文艺创作的重要借鉴和源泉。在尚无文字记载的历史发展阶段，没有文物资料，就没有历史研究可言。我国许多专业学科的历史，正是利用了现存的大量文物资料，才得以理顺其来龙去脉和演变、发展的历程。今天的科技文化创新和发展离不开历史文化遗产。因此说大量古代科技和艺术成果，至今还在被利用、借鉴和继承，成为发展繁荣现代科技、文化、艺术不可缺少的条件。保护好文物对于建设具有中国特色的社会主义学术、科技、文化有着重要意义。

4. 历史文物是道德教育的好教材，对加强德育教育，以德治国具有重要的意义

大量的历史文物从各个不同的侧面或领域展现了中华民族的精神风采，

是我国历代优秀的传统文化和创造才能的实物见证。人们通过对文物的参观、鉴赏和研究，可以陶冶情操，启迪智慧，受到传统美德和审美价值的教益，促进社会主义物质文明和精神文明建设。

5. 促进我国与世界各国的文化交流和友好关系的发展

我国文物丰富多彩的内涵，亦可供世界其他民族借鉴和鉴赏，在出国展览时，被誉为"文化大使"受到很多国家和地区的欢迎，甚至许多国家兴起"中国文物热"历久不衰。中国文物在促进我国与世界各国的文化交流和友好关系方面发挥着积极的桥梁和纽带作用，具有现实意义。

总之，我们要从弘扬民族文化、振兴民族精神、实现民族复兴的高度，认识文物保护工作的重要性和深远的历史意义，认识到尽可能完整地保留祖先留下的珍贵遗产并使之传之于后世，是我们这一代人不可推卸的历史责任。

（四）文物保护的要求

1. 文物保护工作继续坚持"四有"工作要求

1961年，国务院批准公布了《文物保护管理暂行条例》，首次提出"四有"工作要求，即要划定保护范围、要有保护管理机构派专人管理、要竖立说明牌、要有记录档案。1982年11月19日，《文物保护法》正式颁布，"四有"工作作为各级政府的责任，第一次以法律的形式明确下来，这标志着文物保护单位的管理工作开始纳入依法管理的轨道。对文物保护单位加强"四有"工作应该从经验走向科学，使文物保护单位的管理向科学化、系统化、规范化、法制化方面发展。

2. 认真贯彻落实文物保护工作"五纳入"要求

按照国务院《关于加强和改善文物工作的通知》国发（1997）13号文件的要求，努力建立适应社会主义市场经济体制要求、遵循文物工作自身规律、国家保护为主并动员全社会参与的文物保护体制。《文物保护法》规定：国家发展文物保护事业。县级以上人民政府应当将文物保护事业纳入本级国民经济和社会发展规划；所需经费纳入本级财政预算。国家用于文物保护的财政拨款随着财政收入增长而增加；各级人民政府制定城乡建设规划，应当根据文物保护的需要，事先由城乡建设规划部门会同文物行政部门商定对本行政区域内各级文物保护单位的保护措施，并纳入规划；文物保护要纳入体制改革；纳入各级领导责任制。众所周知，文物保护工作牵涉面广，不是文物管理部门一家所能完成的任务，只有由政府牵头，组织文物、公安、城建、工商和文化等部门，齐心协力，才能担负起这一历史重任。同时，要积极引导社会各界参与文物保护工作，形成全社会人人爱护文物、保护文物人人有责的氛围。

3. 要正确处理好文物保护与利用等方面的关系

要加强对文物保护方面的宣传和教育力度，统一思想，转变观念，不断提高对文物保护工作的全面认识，以对国家和人民高度负责的态度来对待文物保护工作，做到合理利用与旅游开发的协调统一。要本着既有利于文物保护，又有利于经济建设和提高人民群众生活水平的原则，妥善处理文物保护与经济建设以及人民群众切身利益的一些局部性矛盾，正确处理好文物保护与文化建设以及其他工作的关系。做到对文物实行合理、适度、科学的利用。坚决纠正"重利用，轻保护"的错误观点，坚决打击有法不依、执法不严和法人违法等错误行为，把文物保护工作提高到一个新的水平。

4. 文物保护工作要求高素质的现代化专业人才

随着社会的发展，科学技术进步对文物保护的管理人员要求也越来越高了。作为文物保护单位要进一步加强有关专业技术人才的培养，并有计划地组织对外技术交流，选派优秀中青年科技人员到国外学习先进的文物保护科学技术，不断提高文物保护技术水平，提高文物鉴定、修复、古建筑维修等专业技术人才的专业技术水平，促进我国文物保护工作更加科学化、规范化、法制化。

二、文物的分级

(一) 不可移动文物的分级

古文化遗址、古墓葬、古建筑、石窟寺、石刻、壁画、近代现代重要史迹和代表性建筑等不可移动文物的分级，按照《文物保护法》第3条规定，上述文物，根据它们的历史、艺术、科学价值，可分为全国重点文物保护单位；省级文物保护单位；市、县级文物保护单位。

1. 全国重点文物保护单位

全国重点文物保护单位是国务院文物行政部门在省级、市、县级文物保护单位中选择确定的具有重大历史、艺术、科学价值的文物保护单位，或者直接确定的文物保护单位。全国重点文物保护单位需报国务院核定公布。

2. 省级文物保护单位

省级文物保护单位是由省、自治区、直辖市人民政府核定公布，并报国务院备案的文物保护单位。

3. 市、县级文物保护单位

市、县级文物保护单位是由分别设区的市县、自治州和县级人民政府核定公布，并报省、自治区、直辖市人民政府备案的文物保护单位。

此外，对尚未核定公布为文物保护单位的不可移动文物，由县级人民政府文物行政部门予以登记并公布。

（二）可移动文物的分级

历史上各时代重要实物、艺术品、文献、手稿、图书资料以及代表性实物等可移动文物的分级，按照《文物保护法》第3条规定，上述文物可分为珍贵文物和一般文物。珍贵文物又分为一、二、三级。《文物藏品定级标准》（2001年4月9日中华人民共和国文化部第19号令发布实施）对珍贵文物和一般文物定级标准作出了明确规定。

1. 一级文物定级标准

一级文物是指具有特别重要历史、艺术、科学价值的代表性文物。

符合以下标准之一的文物，均可确定为一级文物。

（1）反映中国各个历史时期的生产关系及其经济制度，政治制度，以及有关社会历史发展的特别重要的代表性文物；

（2）反映历代生产力的发展，生产技术的进步和科学发明创造的特别重要的代表性文物；

（3）反映各民族社会历史发展和促进民族团结，维护祖国统一的特别重要的代表性文物；

（4）反映历代劳动人民反抗剥削、压迫和著名起义领袖的特别重要的代表性文物；

（5）反映历代中外关系和在政治、经济、军事、科技教育、文化、艺术、宗教、卫生、体育等方面相互交流的特别重要的代表性文物；

（6）反映中华民族抗御外侮、反抗侵略的历史事件和重要历史人物的特别重要的代表性文物；

（7）反映历代著名的思想家、政治家、军事家、科学家、发明家、教育家、文学家、艺术家等特别重要的代表性文物，著名工匠的特别重要的代表性作品；

（8）反映各民族生活习俗、文化艺术、工艺美术、宗教信仰的具有特别重要价值的代表性文物；

（9）中国古旧图书中具有特别重要价值的代表性善本；

（10）反映有关国际共产主义运动中的重大事件和杰出领袖人物的革命实践活动，以及为中国革命做出重大贡献的国际主义战士的特别重要的代表性文物；

（11）与中国近代（1840～1949年）历史上的重大事件、重要人物、著名烈士、著名英雄模范有关的特别重要的代表性文物；

(12) 与中华人民共和国成立以来的重大历史事件、重大建设成就、重要领袖人物、著名烈士、著名英雄模范有关的特别重要的代表性文物；

(13) 与中国共产党和近代其他各党派、团体的重大事件、重要人物、爱国侨胞及其他社会知名人士有关的特别重要的代表性文物；

(14) 其他具有特别重要历史、艺术、科学价值的代表性文物。

2. 二级文物定级标准

二级文物是指具有重要历史、艺术、科学价值的文物，其标准低于一级文物。在定级标准的条款内容上与一级文物基本相同。一级文物定级标准分列为14条，而二级文物定级标准简列为12条（具体条款内容略）。在重要程度上，一级文物为具有特别重要价值的文物，而二级文物为具有重要价值的文物。

3. 三级文物定级标准

三级文物是指具有比较重要历史、艺术、科学价值的文物。其标准低于二级文物，在重要程度上，它属于具有比较重要价值的文物，在定级标准的条款内容方面与二级文物基本相同，具体条款简列为11条（具体条款内容略）。

4. 一般文物定级标准

一般文物是指具有一定历史、艺术、科学价值的文物。其标准低于三级文物，凡符合以下标准之一的，均属于一般文物，反映中国各个历史时期的生产力和生产关系及其经济制度、政治制度，以及有关历史事件、历史人物，具有一定价值的文物；具有一定价值的民族、民俗文物；反映某一历史事件、历史人物，具有一定价值的文物；具有一定价值的古旧图书、资料等；具有一定价值的历代生产、生活用具等；具有一定价值的历代艺术品、工艺品等；其他具有一定历史、艺术、科学价值的文物。

三、我国重点保护的文物

我国重点文物保护单位是由国务院确认公布的，自1961年3月4日公布的第一批，到2001年6月25日公布的第五批，先后确认公布了五批，总数已达1 268处。其中第一批为180处，第二批为62处，第三批为258处，第四批为250处，第五批为518处。这1 268处国家重点文物保护单位可以分为以下六大类。

（一）革命遗址、革命纪念建筑物

属于这类的文物有三元里平英团遗址、林则徐销烟池与虎门炮台旧址、绍兴鲁迅故居等共计84处。

（二）石窟、石刻及其他

属于这类的文物有甘肃省敦煌县（现敦煌市）莫高窟，河南省巩县（现巩义市）石窟，陕西省彬县大佛寺石窟、西安碑林，山西省太原市龙山石窟，昆明的地藏寺经幢，江苏省镇江焦山碑林，贺兰山岩画，广西桂林石刻，河北省沧州县（现沧州市）沧州铁狮子，泸州大曲老窖池，浙江省温州市四连礁造纸作坊等共计108处。

（三）古遗址

属于这一类的文物有周口店遗址、半坡遗址、元谋猿人遗址、河姆渡遗址、圆明园遗址、吉林省和龙渤海中京城遗址、内蒙古乌审旗萨拉乌苏遗址、福建省三明市万寿岩遗址等共计285处。

（四）古建筑及历史纪念建筑物

属于这一类的文物有苏州云岩寺塔、四川省都江堰、包头五当召、北京景山、大同九龙壁等共计574处。

（五）古墓葬

属于这一类的文物有黄帝陵、秦始皇陵、司马迁墓和祠、郑成功墓、宁夏西夏陵、辽宁省盖州市石棚山石棚、山东省东阿县曹植墓、浙江省绍兴县印山越国王陵等共计127处。

（六）现代重要史迹及代表性建筑

属于这一类的文物有天津利顺德饭店、哈尔滨文庙、清华大学早期建筑、东北大学旧址等共计90处。

四、文物的所有权

按照《文物保护法》的法律规定：在中华人民共和国境内地下、内水和领海中遗存的一切文物，包括古文化遗址、古墓葬、石窟寺和国家指定保护的纪念建筑物、古建筑、石刻、壁画、近代现代代表性建筑等不可移动文物，除国家另有规定的以外，属于国家所有。国有不可移动文物所有权不因其所依附的土地所有权或者使用权的改变而改变。

下列可移动文物，属于国家所有：第一，中国境内出土的文物，国家另有规定的除外；第二，国有文物收藏单位以及其他国家机关、部队和国有企业、事业组织等收藏、保管的文物；第三，国家征集、购买的文物；第四，公民、法人和其他组织捐赠给国家的文物；第五，法律规定属于国家所有的其他文物。属于国家所有的可移动文物的所有权不因其保管、收藏单位的终止或者变更而改变。国有文物所有权受法律保护，不容侵犯。

属于集体所有和私人所有的纪念建筑物、古建筑和祖传文物以及依法取得的其他文物，其所有权受国家法律保护。

文物的所有者必须遵守国家有关文物保护的法律、法规的规定。

五、《文物保护法》的宗旨

《文物保护法》的宗旨是：保护文化遗产的真实性、完整性，使之世代相传，永续利用。文化遗产的保护利用事业属于社会公益事业。这一立法宗旨充分说明了文物是人类珍贵的文化遗产，是国家以及全民所有的一种特殊的、不可再生的资产。对它的保护是第一位的，利用应立足于保护的前提下，赢利不应该成为国家管理这项事业的目的。

第二节 文物的保护与管理

一、文物保护的措施

按照《文物保护法》《文物保护法实施细则》的有关规定，我国现阶段对文物的保护主要采取国家为主，动员全社会共同参与保护的管理体制，采取由政府公布不同级别的文物保护单位，以及兴建博物馆、纪念馆，保护展示珍贵文物等形式保护和利用文物。规定了国家、社会、公民在保护文物中的权利和义务，制定了在文物古建筑、古遗址、石刻、壁画、石窟寺、水下文物遗存、考古发掘、馆藏文物、民间收藏文物、社会流散文物、文物进境出境等方面的管理措施和制度。加大了文物保护法制建设。我国正在制订《文物保护单位管理办法》《文物保护工程管理办法》《文物保护工程施工资质认证管理办法》和相应的《文物保护工程施工资质标准》及《世界文化遗产保护管理办法》等法规和规章，这些法规的出台将会使我国保护文物工作进一步规范化、科学化、法制化，促进我国文物保护工作水平的提高。具体的保护与管理措施是：

（一）加强领导，认真严格执行文物保护规划

各级政府要有高度历史责任感，把文物保护规划建设作为大事纳入领导责任制，切实加强领导，严格按规划、有计划、有步骤地进行文物保护。在文物环境保护区域内，不许随便乱拆乱建，确须拆建的，必须严格履行报批手续。

（二）严格按文物保护的法律、法规办事

在文物的保护、利用、修缮时，要求严格按文物保护的法律、法规进行，特别是对不可移动文物进行修缮、保养、迁移，必须遵守不改变文物原状的原则。整旧如旧不是简单的以假乱真，而是要尽量维护文物的原有状态，在尽可能的情况下使用原材料、原结构、原工艺、保持原风格。对文物保护单位的修缮、迁移、重建，由取得文物保护工程资质证书的单位承担。对不可移动文物已经全部毁坏的，应当实施遗址保护，不得在原址重建。但是，因特殊情况需要在原址上重建的，按法律规定报有关主管部门批准，方可实施。对一些重要的、大型的相对比较集中的历史遗存，可制定专门的保护、管理规定。

（三）加强文物部门内部的管理和日常的保护监测工作

依据《文物保护法》的规定，结合文物部门自身的特点，建立适应社会主义市场经济发展要求的文物部门内部管理机制，把文物保护的各项管理工作纳入到责任制中，层层落实，严格考核，奖罚分明。加强日常的保护监测工作，作好各种监测指标的记录，逐步改善设施，不断提高文物保护工作的科学技术水平，制定切实可行的保护措施。

（四）加强与宗教、城市建设、环境保护、园林绿化等部门的协作配合

有些文物与宗教部门及其信徒密切相关，有些文物与城市建设、环境保护和园林绿化部门及其职工也有关联。因此，文物行政部门要和这些部门及其职工密切协作、相互配合，做好各项文物保护管理和防范工作。加强对历史文化名城和历史文化街区、村镇的保护工作，要求历史文化名城和历史文化街区、村镇所在地的县级以上地方人民政府组织编制专门的历史文化名城和历史文化街区、村镇保护规划，并纳入城市总体规划。

（五）建立一支高素质的文物保护管理人才队伍

各有关部门和单位要高度重视文物保护管理的人才队伍建设，要建立一支政治强、业务精、作风正、思想好、懂科学、热爱文物事业、有献身文物事业精神的文物保护管理的人才队伍，这是作好文物保护的主要措施之一。

（六）广泛宣传，提高全社会的文物保护意识

文物行政部门及其他有关部门和单位，要广泛宣传《文物保护法》《文物保护法实施细则》，提高全社会的文物保护意识，提高全民主动参与文物保护的意识，积极配合文物部门共同保护好文物，尽量减少和避免文物被随意划损、被盗窃、失火等文物损失事件的发生。

二、文物保护的主要法律规定

《文物保护法》《文物保护法实施细则》对考古发掘、馆藏文物、民间收藏文物、文物进境出境等作出了具体法律规定。

（一）考古发掘的主要法律规定

1. 对从事考古发掘的单位的主要规定

从事考古发掘的单位，应当经国务院文物行政部门批准。一切考古发掘工作，必须履行报批手续，未经批准，地下埋藏的文物，任何单位或者个人都不得私自发掘。从事考古发掘的单位进行考古发掘是为了科学研究的，应当提出发掘计划，报国务院文物行政部门批准；对全国重点文物保护单位的考古发掘计划，经国务院文物行政部门审核后，报国务院批准。并要求国务院文物行政部门在批准或者审核前，应当征求社会科学研究机构及其他科研机构和有关专家的意见。

2. 对因基本建设和生产建设的需要进行考古调查、勘探、发掘的主要规定

进行大型基本建设工程，建设单位应当事先报请省级人民政府文物行政部门组织从事考古发掘的单位，在工程范围内有可能埋藏文物的地方进行考古调查、勘探，发现文物的，由省级人民政府文物行政部门根据文物保护的要求，会同建设单位共同商定保护措施；遇有重要发现的，应及时报国务院文物行政部门处理。需要配合建设工程进行考古发掘工作的，由省级文物行政部门在勘探工作的基础上，提出发掘计划，报国务院文物行政部门批准。在批准前应当征求社会科学研究机构及其他科研机构和有关专家的意见。确因建设工期紧迫或者有自然破坏危险，对古文化遗址、古墓葬急需进行抢救发掘的，由省级人民政府文物行政部门组织发掘，并同时补办审批手续。凡因基本建设和生产建设的需要进行的考古调查、勘探、发掘所需要的费用，由建设单位列入建设工程预算。

3. 对发掘文物报告的时限规定

在进行建设或者在农业生产中，任何单位或者个人发现文物，应当保护现场，立即报告当地文物行政部门。文物行政部门，在接到报告后，如无特殊情况，应当在24小时内赶赴现场，并在7日内提出处理意见。文物行政部门根据情况可以报请当地人民政府通知公安机关协助保护现场；发现重要文物的，应当立即上报国务院文物行政部门。国务院文物行政部门，在接到报告后15日内提出处理意见。凡是所发现的文物均属国家所有，任何单位或者个人不得哄抢、私分、藏匿。

4. 对考古发掘的结果处理的主要规定

考古调查、勘探、发掘工作结束后,应及时写出考古发掘报告,向国务院文物行政部门和省级人民政府文物行政部门报告。考古发掘的文物,应当登记造册,妥善保管,任何单位或者个人不得侵占。按照国家有关规定,移交给由省级人民政府文物行政部门或者国务院文物行政部门指定的博物馆、图书馆或者其他国有收藏文物的单位收藏。经省级人民政府文物行政部门或者国务院文物行政部门批准,从事考古发掘的单位可以保留少量出土文物作为科研标本。根据保证文物安全、进行科学研究和充分发挥文物作用的需要,省级文物行政部门经本级人民政府批准,可以调用本行政区域内的出土文物;国务院文物行政部门经国务院批准,可以调用全国的重要出土文物。

5. 其他法律规定

非经国务院文物行政部门报国务院特别许可,任何外国人或者外国团体不得在中华人民共和国境内进行考古调查、勘探、发掘。

(二)馆藏文物的主要法律规定

1. 馆藏文物建档、保管、登记的主要规定

博物馆、图书馆和其他文物收藏单位对收藏的文物,必须区分文物等级,设置藏品档案,建立严格的管理制度,并报主管的文物行政部门备案。县级以上地方人民政府文物行政部门,分别建立本行政区域内的馆藏文物档案;国务院文物行政部门,建立国家一级文物藏品档案和其主管的国有文物收藏单位馆藏文物档案。

2. 对文物的修复、复制拍摄、拓印的主要规定

修复馆藏文物和不可移动文物的单体文物,不得改变其文物的原状;复制、拍摄、拓印馆藏文物和不可移动文物的单体文物,不得对其文物造成损害。

3. 对文物调拨、交换、借用、出卖的主要规定

上级文物行政部门可以调拨、借用下级文物行政部门的文物,国有文物收藏单位之间,对已经建立文物档案的,经过各级主管文物行政部门批准,可以依法交换或者借用其所收藏的文物。

调拨、交换和借用的批准权限是,一级文物应报国务院文物行政部门批准;二级及其以下的文物报省、自治区、直辖市人民政府文物行政部门批准。

文物收藏单位之间借用文物的最长期限不得超过3年;未经批准,博物馆、图书馆和其他收藏文物的单位的文物藏品禁止赠与、出租、出卖;任何单位和个人不得调取文物,不得非法侵占国有文物;依法调拨、交换、出借文物所得的补偿费用,必须用于改善文物的收藏条件和收集新的文物,不得挪作他用,任何单位或者个人也不得侵占。

4. 对馆藏文物的保护管理的主要规定

根据馆藏文物保护的需要,文物收藏单位应按照法律、法规规定,建立、健全管理制度,报主管的文物行政部门备案;应按照国家有关规定配备防火、防盗、防自然损坏的设施,确保馆藏文物的安全;发生馆藏文物被盗、被抢或者丢失的,应当立即向公安机关报案,并同时向主管的文物行政机关报告。

文物收藏单位的法定代表人对馆藏文物的安全负责。国有文物收藏单位的法定代表人离任时,按照馆藏文物档案办理馆藏文物移交手续。

(三)民间收藏文物的主要规定

1. 对民间收藏文物的登记、购买、鉴定的主要规定

文物收藏单位以外的公民、法人和其他组织依法收藏的文物,可以向文物行政部门登记,登记部门及其工作人员应对登记的文物保守秘密。其收藏的文物可以卖给国务院文物行政部门或者卖给省、自治区、直辖市人民政府文物行政部门指定的国有文物收藏单位和文物收购单位,其他任何单位或者个人不得经营文物收购业务。公民可以要求文物行政部门对其收藏的文物,提供鉴定以及保管、修复等技术方面的咨询和帮助。国家鼓励文物收藏单位以外的公民、法人和其他组织将其收藏的文物捐赠给国有文物收藏单位或者出借给文物收藏单位展览和研究。接受单位应尊重并按照捐赠人的意愿,对捐赠的文物妥善收藏、保管和展示。国家禁止出境的文物,不得转让、出租、质押给外国人。国家允许有合法来源的民间收藏文物依法进行流通。

2. 对文物商店、拍卖企业经营文物购买、销售业务等方面的主要规定

文物商店经营文物购买、销售业务,应经国务院文物行政部门或者省级文物行政部门批准,并经工商行政管理部门办理登记手续;对外销售业务必须经国务院文物行政部门批准。文物商店对自己所从事的文物经营活动情况应如实记录以备核查。文物商店不得从事文物拍卖经营活动,不得设立经营文物拍卖的拍卖企业。

依法设立的拍卖企业,取得国务院文物行政部门颁发的文物拍卖许可证后,通过上报、审核、备案后,可依法经营文物拍卖。但是,该拍卖企业不得从事文物购销经营活动,不得设立文物商店。

文物行政部门的工作人员、文物收藏单位不得举办或者参与举办文物商店或者经营文物拍卖的拍卖企业;国家禁止设立中外合资、中外合作和外商独资的文物商店或者经营文物拍卖的拍卖企业。

3. 文物拣选、移交、作价等方面的主要规定

银行、冶炼厂、造纸厂以及废旧物资回收部门共同负责拣选掺杂在金银器和旧物资中的文物，并妥善保管尽快移交。文物行政部门接受移交的文物，应按照银行、冶炼厂、造纸厂以及废旧物资回收等单位收购时支付的费用加一定的拣选费合理作价，予以支付，若有困难，可由上级文物行政部门解决。

4. 其他规定

公安、海关、工商行政管理部门依法没收的重要文物，应当移交文物行政部门；银行留用拣选的历史货币进行科学研究的，应当征得国务院文物行政部门或者省、自治区、直辖市人民政府文物行政部门的同意。

（四）文物进境出境的主要法律规定

文物出境和个人携带私人收藏文物出境，都必须事先向海关申报，由国务院文物行政部门指定的文物进出境审核机构审核、允许，并由国务院文物行政部门发给文物出境许可证，从指定口岸，经海关根据文物出境许可凭证和国家有关规定查验放行；对申报出境的文物，经鉴定不能出境的，由文物行政部门登记发还或者收购，必要时可以征购；文物出境展览和文物出口，由国务院文物行政部门统一管理，对具有重要历史、艺术、科学价值的文物，除经国务院批准运往国外展览的以外，一律禁止出境。

出境展览的文物复进境，由原文物进出境审核机构审核查验。文物临时进境、复出境应向海关申报，并报文物进出境审核机构审核、登记，查验无误后，由国务院文物行政部门发给文物出入境许可证，海关凭此证放行。

三、文物保护的奖励规定

《文物保护法》和《文物保护法实施细则》规定，有下列事迹之一的单位或个人，由人民政府、文物行政部门或者有关部门给予适当的精神鼓励或者物质奖励：认真执行文物法律、法规的；保护文物成绩显著的；为保护文物与违法犯罪行为作坚决斗争的；将个人收藏的重要文物捐献给国家或者为文物保护事业作出捐赠的；发现文物及时上报或者上交，使文物得到保护的；在考古发掘中作出重大贡献的；在文物保护科学技术方面有重要发明创造或者其他重要贡献的；在文物面临破坏危险时，抢救文物有功的；长期从事文物工作作出显著成绩的。

四、违反《文物保护法》的处罚规定

(一) 行政处罚规定

违反《文物保护法》的有关规定，有《文物保护法》第66条、第68条、第70条、第71条所列行为之一，尚不构成犯罪的，由县级以上人民政府文物主管部门责令改正，有违法所得的，没收违法所得，单处或并处一定数额的罚款。

违反《文物保护法》的有关规定，有第72条所列行为或第73条所列4种情形之一，尚不构成犯罪的，由工商行政管理部门依法予以制止，没收违法所得，处一定数额的罚款。

对有发现文物隐匿不报或者拒不上交的，或者未按照规定移交拣选文物的，尚不构成犯罪的，由县级以上文物行政主管部门会同公安机关追缴文物，情节严重的，处5 000元以上5万元以下的罚款。

在文物保护单位的保护范围内或者建设控制地带内，建设污染文物保护单位及其环境的设施的；或者对已有的污染文物保护单位及其环境的设施，未在规定的期限内完成治理的，由环境保护行政部门依照有关法律、法规的规定给予处罚。

违反《文物保护法》规定，构成走私行为，尚不构成犯罪的，由海关依照有关法律、行政法规的规定给予处理；构成违反治安管理行为的，由公安机关依法给予治安管理处罚。

违反《文物保护法》规定，造成文物灭失、损毁的，依法承担民事责任。

(二) 刑事处罚规定

违反《文物保护法》的规定，有下列行为之一，构成犯罪的，依法追究刑事责任：盗掘古文化遗址、古墓葬的；故意或者过失损毁国家保护的珍贵文物的；擅自将国有馆藏文物出售或者私自送给非国有单位或者个人的；将国家禁止出境的珍贵文物私自出售或者送给外国人的；以牟利为目的倒卖国家禁止经营的文物的；走私文物的；盗窃、哄抢、私分或者非法侵占国有文物的；应当追究刑事责任的其他妨碍文物管理行为的。

(三) 对有关部门和人员的处罚规定

对违反《文物保护法》规定的文物行政部门、文物收藏单位、文物商店、经营文物拍卖的拍卖企业的工作人员，依法给予行政处分，情节严重的，依法开除公职或者吊销其从业资格；构成犯罪的，依法追究刑事责任。凡被开除公职或者被吊销从业资格的人员，自被开除公职或者被吊销从业资格之日起 10 年内不得担任文物管理人员或者从事文物经营活动。

对公安机关、工商行政管理部门、海关、城乡建设规划部门和其他国家机关，违反《文物保护法》规定滥用职权、玩忽职守、徇私舞弊，造成国家保护的珍贵文物损毁或者流失的，对负有责任的主管人员和其他责任人员依法给予行政处分；构成犯罪的，依法追究刑事责任。

复习思考题

一、问答题

1. 解释文物的概念并说明其保护范围。
2. 文物是根据什么标准分级的？分为哪几级？
3. 文物所有权是如何规定的？
4. 考古发掘的主要法律规定有哪些？
5. 民间收藏文物的主要法律规定有哪些？
6. 违反《文物保护法》的行政处罚是如何规定的？
7. 哪些违反文物保护的行为可以追究刑事责任？
8. 说说你见到过哪些国家重点保护文物？

二、案例分析题

1. 浙江省余杭县安溪乡下溪村陈金元，于 1987 年 5 月 1 日傍晚得悉有人在安溪乡"良渚文化"遗址瑶山祭坛盗掘文物后，即赶到祭坛遗址，挤入人群，用手挖得玉佩、玉挂饰、玉管、玉珠等 20 余种文物。经动员，陈金元将窃得玉佩 1 块、玉挂饰 1 件、玉管 7 节、玉珠 1 颗、玉瑶 2 片上交政府。还有 10 余件文物留下私藏。同年 8 月，本村陈国华托他收购文物时，陈金元将私留的玉管、玉珠等文物，通过陈国华卖给文物贩子沈良年，得赃款 6 000 元。

试分析：陈金元的行为，违反了《文物保护法》的哪些规定？应作如何处理？是否该追究刑事责任？

2. 北京市某文物商店业务员李丽于 1980 年 7～11 月乘在本单位仓库清理字画之机，先后盗窃齐白石、李苦禅等名人字画 75 幅、成扇 10 把，扇骨 2 把及绣花枕套、绣花荷包、轴头、小屏风等物，共约价值人民币 4800 元。其中齐白石作《虾》条画 1 幅、花卉扇面 1 件；李苦禅作《荷花图》3 幅、《鸳鸯松涛》画 1 幅，由其夫销脏，得赃款 2600 元，被 2 人共同挥霍。

试分析：李丽的行为违反了《文物保护法》的哪些规定？应作如何处罚？

第三章

城市绿化法律制度

【本章提要】 本章介绍了城市绿化法的概念与原则、城市绿化的规划建设与保护管理、违反城市绿化法的责任等内容。通过本章学习，了解城市绿化规划及编制的原则，熟悉城市绿化工程设计与施工的管理规定，掌握城市绿化保护管理和违法责任的主要规定。

第一节 城市绿化法概述

一、城市绿化的意义

城市绿化有狭义和广义之分，狭义的城市绿化，是指种植和养护树木花草的活动。而广义的城市绿化，是指城市中栽种植物和利用自然条件以改善城市生态、保护环境，为居民提供游憩场地和美化城市景观的活动。城市绿化的重要意义在于：

（一）改善城市生态环境

城市绿化是以绿色植物向城市输入自然因素，并形成一定的规模和系统，以平衡城市范围内的人工化和程式化的发展。良好的城市绿化，可以吸收二氧化碳和其他有害气体；可以输出氧气、吸收浮尘、杀菌和净化空气；可以涵养水源、保持水土、减少辐射热、增加湿度、防风和调节城市小气候；可以减弱噪声、净化污化，治理城市污染和防止自然灾害发生或减少损失；可以保持动、植物种，增加其栖息生长地等。所以，城市绿化是城市生态的积极因素，是城市生态系统中良性因素的生产和输出者，具有持续的生态环境意义。

（二）美化生活环境，增进人民身心健康

城市绿化是用绿色植物来装扮城市的各类用地。国内外实践证明，优美、清洁、文明的现代化城市,离不开城市绿化。城市绿化美化了城市居民的工作、生活和学习环境,进而使人们利用这些优美环境休养生息,开展多项文化和科学活动,进而积极地促进城市的文化活跃、科技进步,促进人们的身心健康和延年益寿,具有惠及当代、荫及子孙的社会意义。

(三) 改善城市投资环境,促进旅游业发展,加速城市物质文明建设

城市绿化的水平和质量直接反映出城市的环境质量和风貌特点,从而直接反映出城市的发达程度和文明水平,是任何其他事业所无法替代的。我国改革开放以来的实践充分证明,环境优美的城市是吸引中外投资者的热点城市,又是中外旅游者观光旅游的云集胜地,而外来投资的增长和旅游业的迅速发展将带动城市经济的增长和物质文明的建设,具有重大的经济意义。

二、城市绿化法的原则

城市绿化法也有狭义和广义之分。狭义的城市绿化法是指 1992 年 5 月 20 日国务院通过和发布,自 1992 年 8 月 1 日起施行的《城市绿化条例》这部行政法规。而广义的城市绿化法是指《城市绿化条例》和宪法、法律、行政法规、地方性法规、规章等规范性文件中有关城市绿化规范的总称。其中主要规范性文件有:第五届全国人民代表大会第四次会议通过的《关于开展全民义务植树运动的决议》(1981);国务院《关于开展全民义务植树运动的实施办法》(1982)、中共中央、国务院发布的《关于扎实地开展绿化祖国运动的指示》(1984);建设部发布的《城市绿化规划建设指标的规定》(1993)、《城市园林绿化当前产业改革实施办法》(1992)、《关于加强城市绿地和绿化种植保护的规定》(1994)、《关于编制城市绿地系统生物多样性保护计划的通知》(1997) 等。

城市绿化法的原则,是指贯穿于整个城市绿化管理体制、规划、建设、保护和管理全过程的基本准则。城市绿化法的基本原则主要包括以下内容:

(一) 统一领导、分工负责

《城市绿化条例》第 7 条规定,国务院设立全国绿化委员会,统一组织领导全国城乡绿化工作;国务院城市建设行政主管部门和国务院林业行政主管部门等,按照国务院规定的职权划分,负责全国城市绿化工作;地方绿化管理体制,由省、自治区、直辖市人民政府根据本地实际情况规定;城市人民政府城市绿化行政主管部门主管本行政区域内城市规划区的城市绿化工作;在城市规划区内,有关法律、法规规定由林业行政主管部门等管理的绿化工作,依照有关法律、法规执行。根据上述规定,我国城市绿化工作实行"统

一领导、分工负责"的管理体制。

"统一领导",是指由县级以上人民政府设立的绿化委员会,统一组织领导城市绿化工作。各地绿化委员会的职责是:领导全国或本行政区域的绿化工作,指导、协调、督促和检查各行各业的绿化工作。

"分工负责",是指县级以上人民政府设立的城市建设、林业、城市绿化、交通、铁路等有关部门,按职权划分主管其分工范围内的绿化工作。具体而言,国务院城市建设行政主管部门主管全国城市绿化工作;国务院林业行政主管部门主管城市规划区林场、水库、堤坝等植树造林和绿化工作;交通行政主管部门负责公路两侧的绿化工作;铁路主管部门负责铁路两侧的绿化工作;城市绿化行政主管部门(园林局、园林绿化局和未设园林局、园林绿化局的建委、城建局等)主管城市规划区内的城市绿化工作,但划归林业等其他主管部门主管的范围除外。

(二)城市绿化建设应当纳入国民经济和社会发展计划

《城市绿化条例》第3条规定,城市人民政府应当把城市绿化建设纳入国民经济和社会发展计划。国民经济和社会发展计划,是国家制定的有关国民经济和社会发展的目标、比例、规模、数量、速度、效益以及措施等方面的规划和指标,是国家宏观调控体系的组成部分。国民经济和社会发展计划的作用在于能够经常和自觉地保持全社会供求总量的平衡和经济结构协调,合理配置和有效利用社会资源,保证国民经济按比例和高效益的发展,使人民的物质文化生活水平不断地得到提高。

城市绿化是城市重要公用设施之一,又是环境保护和建设的重要组成部分,还是防灾、救灾的重要措施。城市绿化事业覆盖城市社会的各个方面,渗透城市各行各业,关系城市千家万户和居民个人的身心健康,关系到城市的全局和长远的建设事业。城市绿化是一项长期的任务,需要大量的资金、人力和技术的投入,纳入城市人民政府的国民经济和社会发展计划是不言而喻的。城市人民政府在编制国民经济和社会发展计划时应当确立城市绿化在国民经济和社会发展中的应有地位,统筹兼顾,既有长远的发展目标,又有同近期经济、技术条件相适应的方案、措施,使城市经济健康协调地发展,使城市的各项设施配套、均衡地发挥出应有的综合效益。

(三)加强城市绿化科学研究,推广先进技术,提高城市绿化科学技术和艺术水平

《城市绿化条例》第4条规定,国家鼓励和加强城市绿化的科学研究,推广先进技术,提高城市绿化的科学技术和艺术水平。城市绿化是一门新兴的实践性应用学科,涵盖规划设计理论和技术、工程措施技术、育种和栽培管

理技术、测试检验技术等，既同园林学、植物学、生态学、环境学、地貌学等自然科学密切相关，又涉及到社会学、美学、心理学、环境空间和艺术规律等社会科学。必须着力研究和探索这些自然科学和社会科学在城市绿化科学中的有机结合，将先进的城市绿化科技成果推广应用于城市绿化的全过程，才能从根本改变我国传统的生产方式，扭转以体力劳动、手工操作为主，机械化程度差，科技含量较低的落后局面。因此，加强城市绿化科学研究，大力推广先进技术，提高城市绿化科技、艺术水平，是城市绿化建设事业的一项重要的既定政策和法定原则。

（四）城市中的单位和公民，应当依法履行植树绿化义务

《城市绿化条例》第5条规定，城市中的单位和有劳动能力的公民，应当依照国家有关规定履行植树或者其他绿化义务。以弥补城市专业绿化队伍力量的不足，提高全民植树绿化意识，加快城市绿化事业的发展。

三、城市绿地分类

城市绿地是城市中各种类型和规模的绿化用地，它是城市绿化的物质载体。按照一定的标准对城市绿地进行分类，其意义在于：一是有利于针对不同绿地分别制定不同的标准和要求，使城市绿化规划更加深入和细致；二是便于考核各项规划指标；三是在城市绿化工程设计和施工中，对各类绿地可以提出不同的要求；四是便于区别对待，实施不同的管理体制，有助于城市绿化工作的科学管理。

根据《城市绿化条例》第10条的规定，以绿地的性质和作用为标准，城市绿地大致可分为以下几类：

（一）公共绿地

公共绿地，即向公众开放的市级、区级、居住区级、各类公园（综合性公园、儿童公园、文物古迹和纪念性公园、风景名胜公园、动物园、植物园、带状公园）、街旁游园及其范围内的水域。其中居住区级公园应不小于1万m^2，街旁游园的宽度不小于8m，面积不小于400m^2。

（二）居住区绿地

居住区绿地，即居住区内除居住区级公园以外的其他绿地。包括小区级小游园、儿童游戏场、宅旁绿地、配套公共建筑所属绿地和道路绿地（即道路红线以内的绿地）等。

（三）单位附属绿地

单位附属绿地，即机关、团体、部队、企业、事业等单位管界内的环境绿地。

（四）防护绿地

防护绿地，即用于城市隔离、卫生、安全、防灾等目的的绿带、绿地。

（五）生产绿地

生产绿地，即为城市园林绿化提供苗木、花卉、草皮、种子的圃地。

（六）风景林地

风景林地，即具有一定景观价值，在城市整体风貌和环境中起作用，但尚未完善游览、休息、娱乐等设施的林地。

虽然上述六类绿地的绿化性质、标准、要求各不相同，但共同构成城市的整个绿地系统，发挥城市绿化整体的、综合的效益。

第二节 城市绿化规划建设

一、城市绿化规划

（一）城市绿化规划的原则

《城市绿化条例》第8条规定："城市人民政府应当组织城市规划行政主管部门和城市绿化行政主管部门等共同编制城市绿化规划，并纳入城市总体规划。"该法第9条规定："城市绿化规划应当从实际出发，根据城市发展需要，合理安排同城市人口和城市面积相适应的城市绿化用地面积。"上述规定明确了城市绿化规划的以下两个原则：

1. 城市绿化规划必须纳入城市总体规划

城市绿化规划是城市总体规划的重要组成部分，是城市绿化建设的依据，其主要任务是根据城市发展的要求和具体条件，在国家有关法规政策的指导下，制定城市绿化的发展目标和各类绿化用地指标，选定各项主要绿地的用地范围和使用性质，论证其特点和主要工程、技术措施。城市绿化规划作为一项独立的专业规划，只有纳入城市总体规划，才能较好地协调、平衡同整个城市的其他各类设施的协调发展、同步建设。

2. 从实际出发，合理安排城市绿化规划指标

城市绿化规划指标反映城市绿化的水平和质量。制定科学、合理的城市绿化指标，是提高我国城市整体绿化水平和质量的必要措施，也是衡量城市绿化建设的重要参数，同时为考核城市绿化水平提供了量化标准。《城市绿化条例》的这一原则性规定，为城市绿化规划建设提供了有力的法律保障，有利于全国城市绿化事业均衡地发展。鉴于世界各国城市绿化规划指标有所不同，考核城市绿化的指标也不尽相同。《城市规划法》规定，编制面向全国的城市绿化指标，要符合我国实际，指标的确定要能较全面地反映城市绿化的水平和质量，又要保持考核指标的连续性和增加国际间的可比性。

（二）城市绿化规划的编制原则

1. 突出和利用城市的自然条件和人文条件，形成特有的城市风貌

从城市规划的角度而言，各个城市都应有自己的特色，没有风貌特色的城市是缺乏个性的城市，因而在城市之林中就缺少独特的魅力。城市绿化规划是解决城市风貌特色问题的一个重要手段。《城市绿化条例》第10条规定"城市绿化规划应当根据当地的特点，利用原有的地形、地貌、水体、植被和历史文化遗址等自然、人文条件，以方便群众为原则"。城市绿化规划和绿地系统的特色主要是利用自然人文条件，通过城市绿化规划方法和相关措施而形成的。其中的自然条件包括地形、地貌、土壤、水体、植被、气象等因素；人文条件包括历史背景和遗迹、文化特征、宗教、民俗、风情等因素，还应当包括城市的社会经济状况、人的素质、心理因素等，总之，只有在充分考虑上述各种因素的基础上，才能使城市绿化扬长避短、趋于完善，从而形成既继承优良传统，又具有崭新的时代特色。

2. 科学安排各类城市绿地，充分发挥城市绿化的最大效益

这一原则又称为强调城市绿地系统的完整性原则。城市绿地系统是指城市中各种类型和规模的绿化用地组成的整体。一般认为，完整的城市绿地系统的形成需要两个因素：一是要有构成系统的各个元素，即园林景点，各类绿地、绿带以及道路、水体系统等直到与市郊的自然环境的有机结合，也即通常所称的点、线、面相结合的系统；二是各元素之间和各元素与城市之间以科学的分布规律使之溶为一体，着眼于提高城市整体的环境质量和景观水平，使之向综合功能和网络结构的方向发展，即要有有机的联系或者合理布局。城市绿化条例将城市绿地划分为公共绿地、居住区绿地、单位附属绿地、防护绿地、生产绿地、风景林地和道路绿地，同时规定了合理设置这些绿地的原则和要求，以构成城市的绿地系统，为充分发挥绿化的最大效益，包括生态、美化和方便群众利用的效益，提供了法律依据。

（三）城市绿化规划的编制主体

根据《城市绿化条例》第8条的规定，城市规划行政主管部门和城市绿化行政主管部门是城市绿化规划的编制主体，即城市绿化规划的编制者和执行者。实践中，城市绿化规划的编制大体分为三种情况：一是以城市规划部门为主，吸收城市绿化部门参加；二是由规划部门编制后征求绿化部门的意见；三是由绿化部门编制后交规划部门汇总到城市总体规划中。在城市绿化规划的结构和形式上，实践中大体也有三种情况：一是城市总体规划中包含了城市绿化规划的全部内容，而且内容详细、指标具体、发展项目落实；二是城市总体规划中只涉及城市绿化总体布局和绿地系统的概要和原则，具体规划和细节均作为总体规划的一项专业规划，单独成为一部分；三是城市总体规划中对城市绿化规划只作原则规定，缺乏指导实践的调节，需单独组织编制城市绿地系统规划或城市绿化专业规划，纳入城市总体规划。

二、城市绿化规划指标

（一）城市绿化规划指标的制定

为了加强城市绿化规划管理，提高城市绿化水平，建设部于1993年11月4日印发了《城市绿化规划建设指标的规定》（以下简称《规定》）。该规定自1994年1月1日起实施。《规定》根据人均公共绿地面积主要受城市人均建设用地指标制约的客观情况，经过测算，将城市人均建设用地分为不足$75m^2$、$75\sim105m^2$和超过$105m^2$三种情况，分别制定出人均公共绿地面积、城市绿化覆盖率和城市绿地率三项指标，构成了我国城市绿化规划指标体系。规定中制定的具体三项指标考虑到城市的性质、规模和自然条件的差异，因而它是低水平的标准，距离达到满足生态需要的标准相差甚远。因此，《规定》要求：首先，直辖市、风景旅游区、历史文化名城、新开发城市和流动人口较多的城市等，都应有较高的指标；其次，各个城市还要注意相关指标，如人均绿地、植树成活率、保存率、苗木自给率、绿化种植层次结构、重点绿化等指标的变化情况，逐步建立更加完善的城市绿化指标体系。

（二）城市绿化规划三项指标

城市绿化规划指标包括人均公共绿地面积、城市绿化覆盖率和城市绿地率等。

1. 人均公共绿地面积指标

人均公共绿地面积，是指城市中每个居民平均占有公共绿地的面积。其计算公式是：

人均公共绿地面积（m^2）＝ 城市公共绿地面积÷城市非农业人口

人均公共绿地面积指标根据人均建设用地指标而定：

（1）人均建设用地指标不足$75m^2$的城市，人均公共绿地面积到2000年应不少于$5m^2$，到2010年应不少于$6m^2$。

（2）人均建设用地指标$75\sim105m^2$的城市，人均公共绿地面积到2000年应不少于 6m²，到 2010 年应不少于 7m²。

（3）人均建设用地指标超过 105m² 的城市，人均公共绿地面积到 2000 年应不少于 7m²，到 2010 年应不少于 8m²。

2. 城市绿化覆盖率指标

城市绿化覆盖率是指城市绿化覆盖面积占城市面积的比率。其计算公式为：

城市绿化覆盖率（%）＝（城市内全部绿化种植垂直投影面积÷城市面积）×100%

城市绿化覆盖率到 2000 年应不少于 30%，到 2010 年应不少于 35%。

3. 城市绿地率指标

城市绿地率是指城市各类绿地（含公共绿地、居住区绿地、单位附属绿地、防护绿地、生产绿地、风景林地六类）总面积占城市面积的比率。计算公式为：

城市绿地率（%）＝（城市六类绿地面积之和÷城市总面积）×100%

城市绿地率到 2000 年应不少于 25%，到 2010 年不少于 30%。

为保证城市绿地率指标的实现，各类绿地单项指标应符合下列要求：第一，新建居住区绿地占居住区总用地比率不低于 30%。第二，城市道路均应根据实际情况搞好绿化，其中主干道绿带面积占道路总用地比率不低于 20%，次干道绿带面积所占比率不低于 15%。第三，城市内河、海、湖等水体及铁路旁的防护林带宽度应不少于 30m。第四，单位附属绿地面积占单位总用地面积比率不低于 31%，其中工业企业、交通枢纽、仓储、商业中心等绿地率不低于 20%；产生有毒气体及污染工厂的绿地率不低于 30%，并根据国家标准设立不少于 50m 的防护林带；学校、医院、体育场馆、疗养院所、机关团体、公共文化设施、部队等单位的绿地率不低于 35%。因特殊情况不能按上述标准进行建设的单位，必须经城市人民政府城市人民政府城市绿化行政主管部门批准，并根据《城市绿化条例》第 17 条规定，将所缺面积的建设资金交给城市绿化行政主管部门统一安排绿化建设作为补偿，补偿标准应根据所处地段绿地的综合价值由所在城市具体规定。第五，生产绿地面积占城市建成区总面积比率不低于 2%。第六，公共绿地中绿化用地所占比率，应参照 GJJ48—22《公园设计规定》执行。

属于旧城改造区的，可对上述第一、第二、第四中规定的指标降低 5 个百分点。

三、城市绿化规划的设计、施工

(一) 城市绿化工程设计原则

《城市绿化条例》第12条规定:"城市绿化工程的设计,应当借鉴国内外先进经验,体现民族风格和地方特色。城市公共绿地和居住区绿地的建设,应当以植物造景为主,选用适合当地自然条件的树木花草,并适当配置泉、石、雕塑等景物。"这一规定主要确立了城市绿化工程设计的两个原则:一是借鉴国内外先进经验、体现民族风格和地方特色。"借鉴国内外先进经验"是指要借鉴、学习国内外一切对城市绿化建设有价值的范例、方法和经验,以及借鉴国内外当代城市绿化的有益实践和先进理论;"体现民族和地方特色"是指要反映一个民族历史延续下来的生活习惯、风土人情、民族艺术等文化特征的精髓,以及反映一个地方区别于其他地方的综合特点和优秀成分。二是以植树造景为主,辅之于适合当地自然条件的树木花草。植物造景是指以植物材料为主通过一定的技艺手法进行造园或绿化建设;"选用适合当地自然条件的树木花草",即通称的"适地适树"。

(二) 城市绿化工程项目的设计管理

《城市绿化条例》第11条规定:"城市绿化工程的设计,应当委托持有相应资格证书的设计单位承担"。这里的"城市绿化工程"包括列入各级政府基本建设和更新改造计划的各类绿地及绿化建设的工程项目。城市绿化工程项目的设计管理,主要包括以下规定内容:

1. 设计委托管理

城市绿化工程的设计单位必须持有国家或地方城市建设、园林行政主管部门根据国家统一标准和业务范围按法定程序评定合格,并取得相应等级的设计资格证书。设计资格证书是城市绿化工程设计单位依法从事规定业务范围的法定凭证。凡是列入各级城市建设计划的城市绿化工程项目,都必须委托具有相应资质的设计单位进行工程项目设计。

2. 设计审批和变更设计

根据《城市绿化条例》的规定,城市的公共绿地、居住区绿地、风景林地和干道绿化带等绿化工程的设计方案,必须按照规定报城市人民政府城市绿化行政主管部门或者其上级行政主管部门审批;项目主管部门不是城市园林行政主管部门的,在审批项目设计方案时应有城市绿化行政主管部门参加,对已批准的设计方案,任何单位和个人都不准擅自改变,确需改变的须报原审批机关审批。

3. 城市绿化工程施工的管理

城市绿化工程施工的管理，同设计管理一样也是行业行政管理的一个重要方面。绿化工程施工管理的主要内容包括：应当委托持有相应资格证书的施工企业承担；绿化工程竣工后，应当经过城市绿化行政主管部门或该工程的主管部门验收合格后方可交付使用等。

根据建设部1995年7月4日发布的《城市园林绿化企业资质管理办法》的规定，城市园林绿化企业资质分为一级、二级和三级，并对资质不同的园林绿化企业的资质标准和经营范围作了规定，具体内容详见本书第六章第四节。

四、国家园林城市建设主要指标

（一）创建园林城市的概况

自1992年开始，国务院建设行政主管部门在总结各地开展建设"园林城市"、"花园城市"活动和全国城市环境综合整治工作的基础上，决定开展以建设"园林城市"为目标，提高城市园林绿化水平，改善城市环境和整体素质的活动。国家建设部先后制定和发布了《城市园林绿化当前产业政策实施办法》《创建国家园林城市实施方案》《国家园林城市标准》《园林城市评选标准》等一系规范性文件，用以指导和规范国家园林城市的创建活动。经过专家论证考核，建设部先后4批命名北京市、合肥市、珠海市、杭州市、深圳市、马鞍山市、威海市、中山市、大连市、南京市、厦门市等为国家园林城市。随着创建国家园林城市活动的深入开展，极大地促进了城市绿化事业持续健康地发展，各地创造出许多建设园林城市的宝贵经验，初步形成了建设具有中国特色的园林城市的道路。

（二）国家园林城市主要标准

1. 园林城市基本指标

根据《国家园林城市标准》的规定，直辖市园林城区验收的基本指标按中等城市执行，但以下项目均不列入各类园林城市基本指标的验收范围：城市绿地系统规划体制完成，获批准并纳入城市总体规划，规划得到实施和严格管理，取得良好的生态、环境效益；城市公共绿地、居住区绿地、单位附属绿地、防护绿地、生产绿地、风景林地及道路绿化布局合理、功能健全，形成有机的完整系统；编制完成城市规划区范围内植物物种多样性保护规划；城市大环境绿化扎实开展，效果明显，形成城乡一体的优良环境，形成城市独有的独特自然、文化风貌；按照城市卫生、安全、防灾、环保等要求建设防

护绿地,维护管理措施落实,城市热岛效应缓解,环境效益良好。园林城市基本指标内容见下表:

指标	区域	大城市	中等城市	小城市
人均公共绿地面积(m^2)	秦岭淮河以南	6.5	7	8
	秦岭淮河以北	6	6.5	7.5
城市绿地率(%)	秦岭淮河以南	30	32	34
	秦岭淮河以北	28	30	32
城市绿化覆盖率(%)	秦岭淮河以南	35	37	39
	秦岭淮河以北	33	35	37

2. 园林城市规划设计、绿化建设标准

园林城市规划设计标准的内容包括:城市绿地系统规划编制完成,获批准并纳入城市总体规划,严格实施规划,取得良好的生态、环境效益;城市公共绿地、居住区绿地、单位附属绿地、防护林地、生产绿地、风景林地及道路绿化布局合理、功能健全,形成有机的完整系统;编制完成城市规划区范围内植物物种多样性保护规划;认真执行《公园设计规范》,城市园林的设计、建设、养护管理达到先进水平,景观效果好。

园林城市绿化建设标准的内容包括:第一,在指标管理方面,城市园林绿化工作成果达到全国先进水平,各项园林绿化指标最近5年逐年增长;经遥感技术鉴定核实,城市绿化覆盖率、建成区绿地率、人均公共绿地面积指标达到基本指标;各城区间的绿化指标差距逐年缩小,城市绿化覆盖率、绿地率相差在5个百分点,人均公共绿地面积差距在$2m^2$内。第二,在道路绿化方面,新建居住小区绿化面积占总用地面积的30%以上,辟有休息活动园地,改造旧居住区绿化面积不少于总用地面积的25%;全市园林式居住区占60%以上;居住区园林绿化养护管理资金落实,措施得当,绿化种植维护落实,设施保持完整。第三,在单位绿化方面,市区各单位重视庭院绿化美化,达标单位占70%以上,先进单位占20%以上;各单位和居民个人积极开展庭院、阳台、屋顶、墙面、室内绿化及认养绿地等绿化美化活动。第四,在苗圃建设方面,全市生产绿地总面积占城市建成区面积2%以上;城市各项绿化美化工程所用苗木自给率达80%以上,并且规格、质量符合城市绿化栽植工程需要;园林植物引种、育种工作成绩显著,培育出一批适应当地条件的具有特性、抗性的优良品种。第六,在城市全民义务植树方面,城市全民义务植树每年完成,植树成活率和保存率不低于85%以上,尽责率在80%以上。第七,主体绿化垂直绿化普遍开展,积极推广屋顶绿化,景观效果好。

此外,国家园林城市标准还对组织管理、景观保护、园林建设、市政建设等方面作了具体要求,此处从略。

第三节 城市绿化的保护管理

一、城市绿地的保护管理

(一)城市绿地的管理责任分工

根据《城市绿化条例》第18条的规定,"城市的公共绿地、风景林地、防护绿地、行道树及干道绿化带的绿化,由城市人民政府城市绿化行政主管部门管理;各单位管界内的防护绿地的绿化,由该单位按照国家有关规定管理;单位自建的公园和单位附属绿地的绿化,由该单位管理;居住区绿地的绿化,由城市人民政府城市绿化行政主管部门根据实际情况确定的单位管理;城市苗圃、草圃和花圃等,由其经营单位管理。"

(二)对城市绿化规划用地及其自然条件的保护

根据《城市绿化条例》、建设部《关于加强城市绿地和绿化种植保护的规定》的有关规定,对城市绿化规划用地的保护措施主要有:其一,任何单位和个人均不得擅自占用城市绿化用地,占用的城市绿化用地应当限期归还;其二,因道路、建筑等施工需要或其他特殊需要临时占用城市绿化用地的,占用城市绿化用地的单位必须首先向城市绿化行政主管部门申请,其次经城市绿化行政主管部门审查同意,办理临时用地手续并给予补偿后方可用地,最后,在临时用地期满后必须恢复原貌,按期归还;其三,任何单位和个人都不得擅自改变城市绿化规划用地的性质或者破坏绿化规划用地的地形、地貌、水体和植被;其四,因城市总体规划调整,确需占用城市规划绿地的,由城市规划行政主管部门制定调整规划,须征得城市园林绿化行政主管部门的同意,并须报经原规划审批单位批准后实施;其五,禁止将城市公共绿地、防护绿地、生产绿地、风景林地出租或用作抵押,禁止侵占公共绿地搞其他建设项目,禁止将公园绿地用于合资共建,城市国有土地成片出让时不应包括其中的公共绿地、防护绿地、生产绿地和风景林地;其六,因建设或特殊原因确需占用城市绿地的单位,应向城市园林绿化行政主管部门提出申请,落实补偿措施,根据占地规模报经规定的城市建设行政主管部门批准。一次占用城市绿地 $1hm^2$ 以上的,必须经省级主管部门审核并报国务院城市建设行政主管部门批准,方可依法办理规划用地手续。

二、城市绿地种植和绿化设施的保护管理

城市绿地种植和绿化设施的保护管理规定如下：第一，任何单位和个人都不得损坏城市花草树木，对破坏城市绿化种植的花草树木者，依法追究其法律责任；第二，因建设或其他需要必须砍伐城市树木和毁坏绿化种植的花草的，必须按规定报经城市绿化行政主管部门批准，并根据树木或绿化种植的花草价值和生态效益等综合价值加倍补偿；第三，城市树木大规模的更新，必须经专家论证签署意见后，报省级主管部门批准，并报国务院城市建设行政主管部门备案；第四，城市的绿地管理单位，应当建立、健全管理制度，保持树木花草繁茂及绿化设施（灌溉、防护、照明、指示标志、游览休息场所、装饰设施等）完好；第五，城市市政公用管线的管理单位，为保证管线的安全使用需要修剪树木时，必须经城市绿化行政主管部门批准，并按照兼顾管线安全使用和树木正常生长的原则进行修剪。但因不可抗力致使树木倾斜危及管线安全时，管线管理单位可以先行修剪，扶正或者砍伐树木，但是，应当在采取上述保护管理的安全措施后，及时向城市绿化行政主管部门和树木所在绿地的管理单位报告情况，证实其措施得当，并共同处理善后或采取补救措施。

三、古树名木的保护管理

（一）古树名木的管理部门和保护管理原则

根据《城市古树名木保护管理办法》的规定，古树是指树龄在100年以上的树木；名木是指国内外稀有的以及具有历史价值和纪念意义、重要科研价值的树木。其中树龄在300年以上或者特别珍贵稀有、具有重要历史价值和纪念意义以及具有重要科研价值的古树名木，为一级古树名木；其余为二级古树名木。

1. 古树名木的管理部门

根据有关法规、规章的规定，对古树名木的管理实行分级分部门管理的体制。即国务院建设行政主管部门负责全国城市古树名木的保护管理工作；省、自治区、直辖市人民政府及其建设行政主管部门负责本行政区域内的城市古树名木的保护管理工作；城市人民政府及其园林绿化行政主管部门负责本行政区域内古树名木的保护管理工作。

2. 古树名木保护管理的原则

古树名木保护管理工作实行专业养护部门保护管理和单位、个人保护管理相结合的原则。具体保护管理单位和个人的责任分工是：生长在城市园林绿化专业养护管理部门管理的绿地、公园等的古树名木，由城市园林绿化专业养护管理部门保护管理；生长在铁路、公路、河道用地范围内的古树名木，由铁路、公路、河道管理部门保护管理；生长在风景名胜区内的古树名木，由风景名胜区管理部门保护管理；散生在各单位管理界内及个人庭院中的古树名木，由所在单位和个人保护管理。变更古树名木养护单位或者个人，应当到城市园林绿化行政主管部门办理养护责任转移手续。

（二）对古树名木的保护管理措施

根据《城市绿化条例》《城市古树名木保护管理办法》等法规、规章的有关规定，对古树名木的保护管理措施主要包括：

1. 建立古树名木的确认、备案和档案制度

城市人民政府的园林绿化行政主管部门应当对本行政区域内的古树名木进行调查、鉴定、定级、登记、编号，并建立档案和设立标志。一级古树名木由省、自治区、直辖市人民政府确认，报国务院建设行政主管部门备案；二级古树名木由城市人民政府确认，直辖市以外的城市报省、自治区建设行政主管部门备案。

2. 设立古树名木价值说明和保护标志

古树名木的管理部门应当对本部门保护管理的古树名木进行挂牌，标明树名、学名、科属、树龄、价值说明等内容，划定一定的保护范围，并完善相应的保护设施。

3. 制定养护管理方案，落实养护管理责任制

城市人民政府园林绿化行政主管部门应当对城市古树名木按实际情况分别制定养护、管理方案，落实养护责任单位和责任人，并进行检查指导。古树名木养护单位或者责任人，应当按照城市园林绿化行政主管部门规定的养护管理措施实施养护管理，并承担养护管理费用。抢救、复壮古树名木的费用，城市园林绿化行政主管部门可适当给予补贴。当古树名木受到损害或者长势衰弱时，养护单位和个人应当立即报告城市园林绿化行政主管部门，由城市园林绿化行政主管部门组织治理复壮；对已死亡的古树名木，应当经城市园林绿化行政主管部门确认，查明死因，明确责任并予以注销登记后，方可进行处理。处理结果应及时上报省、自治区建设行政部门或者直辖市园林绿化行政主管部门。

4. 实行建设工程对古树名木的避让、保护措施

新建、改建、扩建的建设工程影响古树名木生长的，建设单位必须提出避让和保护措施。城市规划行政部门在办理有关手续时，要征得城市园林绿化行政部门的同意，并报城市人民政府批准。

5. 严禁砍伐和擅自移植古树名木，严格特殊情况下的移植批准程序

任何单位和个人不得以任何理由、任何方式砍伐和擅自移植古树名木。对于因大型工程建设等特殊情况确需移植古树名木的，移植单位在移植前必须制定移植方案，确保移植地点、移植方法等符合古树名木的生长要求，确保移植方案切实可行。移植一级古树名木的，应报经省、自治区建设行政主管部门审核，并报省、自治区人民政府批准；确需移植二级古树名木的，应当经城市园林绿化行政主管部门和建设行政主管部门审查同意后，报省、自治区建设行政主管部门批准；直辖市确需移植一、二级古树名木的，由城市园林绿化行政主管部门审核，报城市人民政府批准。移植所需费用，由移植单位承担。

此外，城市园林绿化行政主管部门应当加强对城市古树名木的监督管理和技术指导，积极组织开展对古树名木的科学研究，推广应用科研成果，普及保护知识，提高保护和管理水平。城市人民政府应当每年从城市维护管理经费、城市园林绿化专项资金中划出一定比例的资金用于城市古树名木的保护管理。

四、城市公共绿地内商业、服务经营活动的管理

城市公共绿地是广大城市居民的休息、参观、游览和开展科学文化活动的主要场所。城市绿化行政主管部门对城市公共绿地的日常养护、管理的主要目的，在于保证其作为城市居民主要活动场所的清洁、美观、方便，使公共绿地常年做到环境清新、景色宜人、花木茂盛、服务周全。为了保证城市公共绿地范围内的商业和服务设施设置合理，《城市绿化条例》规定了在城市公共绿地内开设商业、服务摊点的管理责任和程序。原则上公共绿地内的商业服务经营管理由城市园林绿化行政主管部门统一领导、规划、建设和管理。在公共绿地内独立经营的商业、服务摊点的经营者首先应向所在公共绿地的管理单位提出申请，说明其经营的内容、方式、规模、地点、摊位形式和需要公共绿地管理单位提供的条件等，由公共绿地管理单位签署意见，报请城市绿化行政主管部门审批。经审批同意后，经营者还必须依法向工商行政管理部门申请营业执照，始为合法经营。经营者在经营期间必须遵守公共绿地

和工商行政管理的各项规章制度，服从公共绿地管理人员的管理，禁止流动叫卖。

五、园林绿化职业技能岗位管理

（一）园林绿化职业技能岗位标准的修订

为了全面实行建设职业技能岗位证书制度，促进建设劳动力市场管理，规范园林行业职业技能岗位标准，建设部于 2000 年 5 月 22 日颁发了《职业技能岗位标准》。这一标准根据科技进步和园林行业的发展状况，对建设部 1989 年颁发的《城市园林工人技术等级标准》进行修订后更名而成。《职业技能岗位标准》自上述颁发之日起施行，1989 年的《城市园林工人技术等级标准》同时停止使用。

（二）职业技能岗位标准的内容

建设部《职业技能岗位标准》对园林行业现行的绿化工、花卉工、植保工、育苗工、盆景工、观赏动物饲养工 6 个工种分为初、中、高 3 个技能等级，并分别规定了不同等级的工种所应当具备的知识水平和操作水平。

1. 绿化工

绿化工是从事园林植物的栽培、移植、养护和管理的工种，适用于园林绿地建设和养护。

2. 花卉工

花卉工是从事花卉的繁殖、栽培、管理和应用的工种，适用于花卉栽培、管理和应用。

3. 植保工

植保工是从事保护园林植物不受病虫、杂草危害的工种，适用于园林病虫、杂草的除治。

4. 育苗工

育苗工是从事园林植物繁殖并进行抚育管理的工种，适用于园林植物繁殖、抚育管理。

5. 盆景工

盆景工是从事盆景材料的繁殖、采掘、包装、运输及盆景制作与养护的工种，适用于盆景的制作与养护。

6. 观赏动物饲养工

观赏动物饲养工是根据各种动物的不同生活习性，在人工饲养条件下，从事科学合理的饲料配置、笼舍环境配置、饲料管理、繁殖保护和疾病预防及护理的工种，适用于观赏动物的饲养与管理。

以上6个工种的见习期都为2年，其中培训期1年，见习期1年。

以上6个工种初、中、高3个技能等级应具备的知识水平和操作水平，详见建设部2000年5月22日颁发的《职业技能岗位标准》。

第四节 违反城市绿化法的法律责任

一、违法建设施工的行为及法律责任

违法建设施工行为，是指建设、施工单位建设、施工所依据的城市绿化工程设计方案未经法定主管部门批准或者未按照批准的施工方案进行建设施工的行为。根据《城市绿化条例》第11条的规定，工程建设项目的附属绿化工程和公共绿地、居住区绿地、风景林地、干道绿地等绿化工程项目的设计方案，必须按照规定报城市绿化行政主管部门或其上级行政主管部门审批；建设施工单位必须按照批准的设计方案进行施工。

建设施工单位违法施工的行为包括两种情况：一是建设施工所依据的设计方案未经批准。设计方案未经批准包括：设计方案不是由具有相应资质证书的设计单位设计的；设计方案不符合国家有关方针政策和法规的规定；设计方案的科学性和艺术性达不到专业要求，或者不符合城市规划的要求，同周围的环境不协调；设计方案未报经城市园林绿化行政主管部门审批，或者虽报经审批而未获批准或未取得批准文件。二是未按批准的设计方案施工，即虽然设计方案经审批部门批准，但建设施工单位未经原批准部门同意，擅自完全或部分改变原设计方案进行建设施工。

违法建设施工的法律责任包括行政责任和民事责任。城市绿化行政主管部门根据违法建设、施工单位的违法程度，分别对其给予停止施工、限期改正或者采取其他补救措施（交纳绿化延误费、罚款、重新委托或指定施工单位等）。违法建设施工单位的民事责任，是指违法建设施工单位因其违法建设施工行为给设计单位造成经济或信誉上的损失时所应承担的赔偿损失责任。

二、损坏花草、树木及绿化设施的行为及法律责任

（一）损坏城市树木花草的行为

损坏城市树木花草的行为，是指行为人损坏城市中绿化树木的器官，损

坏花卉的整体或布局，践踏、挖掘或开路等破坏草坪、地被植物以及在树木花草周围乱弃废弃物、排放烟尘、粉尘、有毒气体等间接破坏行为。

（二）擅自砍伐城市树木的行为

该行为是指行为人以营利为目的，未经法定主管部门批准，擅自修剪或采伐城市树木的行为。这里的"法定主管部门"通常是指园林绿化主管部门或未设城市园林绿化行政主管部门的城市建设行政主管部门。但县级以上人民政府规定由林业行政主管部门核发林木采伐许可证的，修剪或砍伐城市树木的单位和个人，必须依法经林业行政主管部门核发林木采伐许可证，并按林木采伐许可证规定的内容修剪或采伐城市树木。

（三）破坏古树名木及其标志、保护设施的行为

破坏古树名木的行为，是指行为人违法砍伐、移植、买卖、转让、损伤古树名木，危害古树名木生长以及不尽养护管理责任、导致古树名木死亡的行为。这些行为包括：未经法定主管部门、机关审查、审核和批准，砍伐和擅自移植古树名木的；集体和个人所有的古树名木，未经城市园林绿化行政主管部门审核并报城市人民政府批准，进行买卖、转让的；建设单位对新建、改建、扩建的建设工程影响到古树名木生长时，未经法定主管部门同意并报有关人民政府批准，又未采取避让和保护措施的；在古树名木上刻划、张贴或者悬挂物品的；在施工等作业时借古树名木作为支持物或者固定物的；攀树、折枝、挖根、摘采果实种子或者剥损树枝、树干、树皮的；在距树冠垂直投影5m的范围内堆放物料、挖坑取土、兴建临时设施建筑、倾倒有害污水、污物、垃圾，动用明火或者排放烟气的；古树名木的养护管理责任单位和责任人，不按规定的管理养护方案实施保护管理，影响古树名木正常生长，或者在古树名木已受损害或者衰弱未报告有关部门，并未采取补救措施而导致古树名木死亡的等。

（四）损坏城市绿化设施的行为

该行为是指行为人损坏与绿化植物相配套的人工构筑或者设置物的行为。绿化设施一般包括以下几类：一是维护或保护绿化植物正常生长的设施，如给水排水管道、喷灌、树木支架、风障、树池、护栏等；二是游人休息设施，如座椅、座凳等；三是观赏、游览设施，如建筑小品、说明牌、指示标志、路灯等；四是场地和设施，如园路、铺装广场；五是城市绿化用机具，如洒水车、剪草机、打坑机等；六是其他与城市绿化或绿地有关的设施。

《城市绿化条例》第27条规定，对行为人有上述一、二、三、四违法行为，未构成犯罪的，由城市绿化行政主管部门或其授权单位责令停止侵害，可以并处罚款；造成损失的，依法承担赔偿损失；对应当给予治安管理处罚的，由公安机关依法处罚。

损坏城市花草树木及城市绿化设施的行为,数额较大或者有其他严重情节的,可构成故意毁坏财物罪,处 3 年以下有期徒刑或者罚金;数额巨大或者有其他特别严重情节的,处 3 年以上 7 年以下有期徒刑。"数额较大"的标准,暂由各省、自治区、直辖市根据当地犯罪行为发生时的经济发展状况以及公民家庭、个人平均收入、城乡差别等情况规定;"情节严重"一般是指行为人作案动机卑鄙、手段恶劣,多次作案,损失严重,聚众作案以及教唆未成年人作案等情节。

擅自砍伐城市树木,情节严重的,可构成盗伐林木罪、滥伐林木罪;违法采伐、毁坏古树名木的,构成非法采伐、毁坏古树名木罪,均可依法追究刑事责任。(详见本书第六章第二节)

三、擅自占用城市绿化用地的行为及法律责任

该行为是指行为人未经城市绿化行政主管部门批准,占用城市绿化用地或者将其用地性质改作他用的行为。《城市绿化条例》第 28 条规定,对擅自占用城市绿化用地的行为,由城市绿化行政主管部门责令其限期退还、恢复原状,可以并处罚款;造成损失的,应当依法赔偿损失。情节严重的,可构成非法批准征用、占用土地罪,处 3 年以下有期徒刑或者拘役;致使国家或者集体利益遭受特别重大损失的,处 3 年以上 7 年以下有期徒刑。"情节严重"是指:一次性非法批准征用、占用基本农田、其他耕地以外的其他土地 $3.33hm^2$ 以上的;12 个月内非法批准征用、占用土地累计达到上述标准的;非法征用、占用土地数量虽未达到上述标准,但接近上述标准且导致被非法批准征用、占用的土地或植被严重破坏的,或者直接经济损失 20 万元以上的等情况。

四、擅自在城市公共绿地内开设商业、服务摊点和不服公共绿地管理单位对商业、服务摊点管理的行为及法律责任

它包括两种行为:一是擅自在城市公共绿地开设商业、服务摊点的行为,是指未经城市绿化行政主管部门或其授权单位同意,自行在城市公共绿地开设商业、服务摊点的行为。二是商业、服务摊点的经营者不服公共绿地管理单位管理的行为。具体包括:不在公共绿地管理单位指定的地点从事经营活动;不符合公共绿地管理单位的有关规章制度;不服从检查、不按规定更新

改造、维护管理等；因经营作风不正，影响公共绿地管理单位信誉，经批评教育拒不改正等。

根据《城市绿化条例》第29条的规定，对实施上述第一种行为的行为人，由城市绿化行政主管部门或其授权单位责令其限期迁出或者拆除，可以并处罚款；造成损失的，应当承担赔偿责任。对于上述第二种行为，由城市绿化行政主管部门或其授权的单位给予警告，可以并处罚款；情节严重的，由城市园林绿化行政主管部门取消其设点申请批准文件，并可以提请工商行政管理部门吊销其营业执照。

对上述各种违反城市绿化法的罚款金额、补偿办法、补救措施等，根据《城市绿化条例》第33条的规定，由省、自治区、直辖市（含经国务院批准有立法权的较大的城市）人民政府制定地方政府规章或者地方性法规具体规定。

五、城市绿化行政主管部门和城市绿地管理单位的工作人员玩忽职守、滥用职权和徇私舞弊的行为及法律责任

城市绿化行政主管部门和城市绿化管理单位的工作人员，在行使管理工作或执法过程中玩忽职守、滥用职权和徇私舞弊的行为，属于渎职行为。这些行为不仅是亵渎公职和损害国家机关的正常管理活动，而且往往因其渎职行为而致使公共财产或国家和人民利益遭受一定的损失。对此直接责任人员或者单位负责人，依法由其所在单位或者上级主管机关给予行政处分；构成犯罪的，依法追究刑事责任。

六、城市绿地管理单位的民事侵权行为及法律责任

城市绿地管理单位是指依据国家园林法规规定对城市各类绿地分别负有管理责任的单位。根据《城市绿化条例》第18条的规定，城市绿地管理单位包括：对城市的公共绿地、风景林地、防护绿地、行道树及干道绿化带的绿化负有管理责任的城市绿化行政主管部门；对本单位所属的防护绿地和附属绿地负有管理责任的单位；由城市绿化行政主管部门根据实际情况确定的管理居住区绿地的单位和负责生产绿地管理的经营单位。这些单位因自身过失管理不善，使其管理范围内的树木和相关设施给他人造成人身（或财产）损害的，依据《民法通则》第119条、第126条的规定，由所有人或管理人对受害人依法承担侵权民事赔偿责任。

复习思考题

一、问答题

1. 广义的城市绿化法包括哪些主要法律、法规？其基本原则是什么？
2. 城市绿化规划的编制主体是谁？编制城市绿化规划应遵循哪些原则？
3. 城市绿化规划的三项指标是什么？
4. 城市绿化工程设计的原则是什么？如何进行管理？
5. 城市绿地的管理责任如何划分？对城市绿地种植和绿化设施的保护管理有哪些规定？
6. 违反《城市绿化条例》的责任是如何规定的？

二、案例分析题

1. 凤凰镇于1998年经法定程序批准为建制镇。镇政府为了绿化美化镇容镇貌，决定由镇城建办负责制定镇区绿化规划。镇城建办主任找到自己的大学同学编制了该镇镇区的绿化规划和设计方案，后经该镇镇长办公会议讨论决定后交付实施。镇城建办找到辖区某村的一个施工队进行施工，先后砍伐了镇所在地两条干道的100余棵树木，在迁移镇区寺庙内的一株120年的银杏树时，被人反映到市林业局。市林业局派人实地勘查后，决定对该镇给以行政处罚。市园林局得知后提出异议，认为凤凰镇的上述行为应当由其查处，双方发生争议。经查该市凤凰镇镇区早在1996年已列入该市规划区，并查明该镇的绿化规划和设计方案以及施工、迁移银杏树事先未经有关主管部门批准。

    试分析：凤凰镇这些做法违反了城市绿化法的哪些规定？依法应由哪个部门管辖和查处？

2. 某市东区入口处十字道口东南角有一块 3.33hm^2 的公共绿地，绿地内分布有100余株各种树木。该市宏发房地产开发公司为开发房地产而营利，贿赂该市分管城市规划、园林绿化和房地产开发工作的副市长后，该副市长同意宏发房地产开发公司在绿地处建设商品房住宅小区。结果致使120株树木被砍、绿地内道路被毁、绿地植被被严重毁坏。待市政府出面制止时，经有关部门估算已造成的直接损失达60余万元。

    试分析：(1) 宏发房地产开发公司的上述行为是否合法？若不合法，依法应承担哪些法律责任？(2) 上述某市副市长的批示是否合法？若不合法，对其行为应当如何定性处罚？

3. A市中心游园系该市居民和外来游客休闲观光的胜地。园内绿草茵茵，林木成行，楼台亭榭错落有致，风景宜人；游园外围设置了多处商业服务网点，设施齐全。该游园西侧的春风茶馆业主胡某，常年向园内邻近其茶馆一侧的一棵梧桐树池内倾倒污水和有害物质，造成树木部分根系腐烂，枝叶部分干枯，有关管理部门也疏于管理一直未曾发现。2001年夏末，该市雨水充沛，经雨水浸泡的梧桐树根基土壤松软，固着力减弱。某日晚12时许，从工厂下班回家的女工谢某路经此处时，该梧桐树突然倒下，将谢砸成重伤，致使其下肢瘫痪卧床不起。

    试分析：(1) 春风茶馆业主胡某的上述行为是否违法？如果违法，其行为属于何种违法行为？(2) 该游园绿地依法应由哪个单位管理？(3) 对梧桐树砸伤女工谢某的后果，依法应由谁承担怎样的责任？

第四章

风景名胜区和公园管理法律制度

【本章提要】 本章介绍了风景名胜区和公园管理有关的法律、法规、规章、条例等。通过本章学习，了解风景名胜区和公园类别，熟悉有关建设与管理的要求，掌握风景名胜区和公园在规划、保护及违法责任等方面的规定。

第一节 风景名胜区管理法

一、风景名胜区管理法概述

（一）风景名胜区及风景名胜区管理法的概念

风景名胜区也称风景区，是指风景资源集中、环境优美、具有一定规模和游览条件，可供人们游览欣赏、休憩娱乐或进行科学文化活动的地域。

风景资源是指能引起审美与欣赏活动，可以作为风景游览对象和风景开发利用的事物与因素的总称。是构成风景环境的基本要素，是风景区产生环境效益、社会效益、经济效益的物质基础。

为了加强对风景名胜区的管理，更好地保护、利用和开发风景名胜资源，国务院于 1985 年 6 月 7 日颁布了《风景名胜区管理暂行条例》，自颁布日起施行。城乡建设环境保护部于 1987 年 6 月 10 日发布了《风景名胜区管理暂行条例实施办法》，自公布日起施行。建设部于 1994 年 11 月 14 日发布了《风景名胜区管理处罚规定》。它们的颁布施行，标志着我国在管理、保护、利用和开发风景名胜资源方面走上法制化的轨道。

（二）风景名胜区的分类与概况

风景名胜区按其景物的观赏、文化、科学价值和环境质量、规模大小、游览条件等，划分为三级：

1. 市（县）级风景名胜区

该级风景名胜区是指具有一定观赏、文化或科学价值，环境优美，规模较小，设施简单，以接待本地区游人为主的风景区域。市（县）级风景名胜区由市、县主管部门组织有关部门提出风景名胜资源调查评价报告，报市、县人民政府审定公布，并报省级主管部门备案。

2. 省级风景名胜区

该级风景名胜区是指具有较重要观赏、文化或科学价值，景观有地方代表性，有一定规模和设施条件，在省内外有影响的风景区域。省级风景名胜区由市、县人民政府提出风景名胜资源调查评价报告，报省、自治区、直辖市人民政府审定公布，并报建设部备案。

3. 国家重点风景名胜区

该级风景名胜区是指具有重要的观赏、文化或科学价值，景观独特，国内外著名，规模较大的风景区域。国家重点风景名胜区由省、自治区、直辖市人民政府提出风景名胜资源调查评价报告，报国务院审定公布。

我国的风景名胜区已形成国家级、省级、县（市）级三级体系，从1984年开始确定第一批国家重点风景名胜区以来，现已有国家级风景名胜区119处，省级风景名胜区250处，县（市）级风景名胜区137处。面积9.6万km^2，占国土总面积的1%。大量自然景观和人文景观资源列入了国家保护建设和管理序列，其中黄山、泰山、武陵源、九寨沟、黄龙风景区、峨眉山－乐山大佛、庐山等风景名胜区被联合国科教文组织列为世界文化和自然遗产；八达岭长城、承德避暑山庄外八庙、武当山建筑群、敦煌石窟、秦始皇兵马俑被联合国科教文组织列入世界文化遗产名录。

二、风景名胜区的主管部门和管理机构及其职责

（一）风景名胜区的主管部门及其管理责任

《风景名胜区管理暂行条例实施办法》规定，建设部主管全国风景名胜区工作，地方县级以上建设行政主管部门主管本地区的风景名胜区工作，对各级风景名胜区实行归口管理。其主要任务是在所属人民政府领导下，组织风景名胜资源调查和评价；申报审定风景名胜区；组织编制和审批风景名胜区规划；制定管理法规和实施办法；监督和检查风景名胜区保护、建设、管理工作。

（二）风景名胜区管理机构及其管理责任

风景名胜区管理机构在风景名胜区范围内行使主管人民政府授予的行政

管理职能，受上级人民政府建设行政主管部门业务指导。其主要任务是根据《风景名胜区管理暂行条例》的规定，对风景名胜区的资源保护、开发建设和经营活动实行统一管理。

三、风景名胜区的规划

（一）风景名胜区规划的概念

风景名胜区规划也称风景区规划，是保护培育、开发利用和经营管理风景名胜区，并发挥其多种功能作用的统筹部署和具体安排。经相应的人民政府审查批准后的风景名胜区规划，具有法律权威，必须严格执行。1999年11月10日国家质量技术监督局与中华人民共和国建设部联合发布《风景名胜区规划规范》（GB50298—1999），自2000年1月1日起施行。

（二）风景名胜区规划的原则

风景名胜区规划必须符合我国国情，因地制宜地突出本风景名胜区特性。并应遵循下列原则：应当依据资源特征、环境条件、历史情况、现状特点以及国民经济和社会发展趋势，统筹兼顾，综合安排；应严格保护自然与文化遗产，保护原有景观特征和地方特色，维护生物多样性和生态良性循环，防止污染和其他公害，充实科教审美特征，加强地被和植物景观培育；应充分发挥景源的综合潜力，展现风景游览欣赏主体，配置必要的服务设施与措施，改善风景名胜区运营管理机能，防止人工化、城市化、商业化倾向，促使风景名胜区有度、有序、有节律地持续发展；应合理权衡风景环境、社会、经济三个方面的综合效益，权衡风景名胜区自身健全发展与社会需求之间的关系，创造风景优美、设施方便、社会文明、生态环境良好、景观形象和游赏魅力独特，人与自然协调发展的风景游憩境域。

（三）风景名胜区规划依据及其部门

风景名胜区规划应依据国家有关法律、法规，并结合各地实际情况。其中，国家法律有文物、土地、环保、森林、海洋、城市、房地产7项，国务院公布的条例有《风景名胜区管理暂行条例》以及城乡建设环境保护部颁布的《风景名胜区管理暂行条例实施办法》。风景名胜区规划应在所属人民政府领导下，由建设行政主管部门或风景名胜区管理机构会同文物、环保、旅游、农林、水利、电力、交通、邮电、商业、服务等有关部门组织编制，风景名胜区规划应与国土规划、区域规划、城市总体规划、土地利用总体规划及其相关规划相互协调。

（四）风景名胜区分区规划与保护规定

风景保护的分类应包括生态保护区、自然景观保护区、史迹保护区、风景恢复区、风景游览区和发展控制区等，在规划时应符合以下规定：

1. 生态保护区的划分与保护规定

对风景区内有科学研究价值或其他保存价值的生物种群及其环境，应划出一定的范围与空间作为生态保护区；在生态保护区内，可以配置必要的研究和安全防护性设施，应禁止游人进入，不得搞任何建筑设施，严禁机动交通及其设施进入。

2. 自然景观保护区的划分与保护规定

对需要严格限制开发行为的特殊天然景源和景观，应划出一定的范围与空间作为自然景观保护区；在自然景观保护区内，可以配置必要的步行游览和安全防护设施，宜控制游人进入，不得安排与其无关的人为设施，严禁机动交通及其设施进入。

3. 史迹保护区的划分与保护规定

在风景区内各级文物和有价值的历代史迹遗址的周围，应划出一定的范围与空间作为史迹保护区；在史迹保护区内，可以安置必要的步行游览和安全防护设施，宜控制游人进入，不得安排游客住宿床位，严禁增设与其无关的人为设施，严禁机动交通及其设施进入，严禁任何不利于保护的因素进入。

4. 风景恢复区的划分与保护规定

对风景区内需要重点恢复、培育、抚育、涵养、保持的对象与地区，例如森林与植被、水源与水土、浅海及水域生物、珍稀濒危生物、岩溶发育条件等，宜划出一定的范围与空间作为风景恢复区；在风景恢复区内，可以采用必要技术措施与设施，应分别限制游人和居民活动，不得安排与其无关的项目与设施，严禁对其不利的活动。

5. 风景游览区的划分与保护规定

对风景区的景物、景点、景群、景区等各级风景结构单元和风景游赏对象集中地，可以划出一定的范围与空间作为风景游览区；在风景游览区内，可以进行适度的资源利用行为，适宜安排各种游览欣赏项目，应分级限制机动交通及旅游设施的配置。并分级限制居民活动进入。

6. 发展控制区的划分与保护规定

在风景区范围内，对上述五类保育区以外的用地与水面及其他各项用地，均应划为发展控制区；在发展控制区内，可以准许原有土地利用方式与形态，可以安排同风景区性质与容量相一致的各项旅游设施及基地，可以安排有序的生产、经营管理等设施，应分别控制各项设施的规模与内容。

（五）风景名胜区的分级规划与保护规定

风景区保护的分级应包括特级保护区、一级保护区、二级保护区和三级保护区四级内容，并应符合以下规定：

1. 特级保护区的划分与保护规定

风景区内的自然保护核心区以及其他不应进入游人的区域应划为特级保护区；特级保护区应以自然地形地物为分界线，其外围应有较好的缓冲条件，在区内不得搞任何建筑设施。

2. 一级保护区的划分与保护规定

在一级景点和景物周围应划出一定范围与空间作为一级保护区，宜以一级景点的视域范围作为主要划分依据；一级保护区内可以安置必需的步行游赏道路和相关设施，严禁建设与风景无关的设施，不得安排游客住宿床位，机动交通工具不得进入此区。

3. 二级保护区的划分与保护规定

在景区范围内，以及景区范围之外的非一般景点和景物周围应划分为二级保护区；二级保护区内可以安排少量游客住宿设施，但必须限制与风景游赏无关的建设，应限制机动交通工具进入本区。

4. 三级保护区的划分与保护规定

在风景区范围内，对以上各级保护区之外的地区应划为三级保护区；在三级保护区内，应有序控制各项建设与设施，并应与风景环境相协调。

四、风景名胜区的建设

风景名胜区是我们中华民族重要的自然文化遗产和宝贵的财富，是国家的重要资源，也是发展旅游事业的基础。保护好、管理好、建设好风景名胜区，对于维护国土风貌，优化生态环境，弘扬民族文化，激发爱国热情，促进旅游事业，推动地区经济的发展，扩大对外开放，建设社会主义物质文明和精神文明，都具有十分重要作用。因此，《风景名胜区管理暂行条例实施办法》作了以下规定：

第一，任何单位和个人在风景名胜区内占用土地，建设房屋或其他工程等都要经风景名胜区管理机构审查同意，按有关规定办理审批手续，同时要严格控制风景名胜区内的建设规模，风景名胜区土地和设施都应有偿使用。

第二，在风景名胜区及其外围保护地带内不得建设工矿企业、铁路、站场、仓库、医院等同风景和游览无关或破坏景观、污染环境、妨碍游览的单位和设施。按规划建设各项设施，其布局、高度、体量、造型和色彩等，都必须与周围景观和环境相协调。

第三，在游人集中的游览区和自然环境保留地内，不得建设旅馆、招待所、休养疗养机构、管理机构、生活区以及其他大型工程等设施。

第四，风景名胜区建设项目，特别是特殊重要的工程项目，如大型水库、公路、火车站、览车索道等，其可行性研究报告或设计任务书，在报请计划主管部门审批之前，必须经同级建设行政主管部门审查同意。工程的初步设计分别由地方各级城市建设行政主管部门审批。未经风景名胜区管理机构签证许可，任何工程均不得施工。

第五，风景名胜区规划批准前不得兴建重大建设项目。个别需兴建的，其规模与选址必须经过可行性分析和技术论证，经风景名胜区管理机构同意，报上一级建设行政主管部门审批。

第六，风景名胜区管理机构应以规划为依据，积极组织各项设施的统一开发建设和管理。集中各个渠道的资金，用于风景名胜区维护和开发建设。

五、风景名胜区的保护管理

（一）树木保护管理

1. 建立健全植树绿化等规章制度

风景名胜区是供广大群众休憩、观赏、游览的地方，必须保持树木葱郁、花草繁茂、环境优美、空气清新。因此，风景名胜区要建立健全植树绿化、封山育林、护林防火和防治病虫害的规章制度，落实各项管理责任制，按照规划要求进行抚育管理。

2. 严格管理风景名胜区的林木

风景名胜区的林木均属特种用途林，不得砍伐。必要疏伐、更新以及确需砍伐的林木，必须经风景名胜区管理机构同意，报经地方主管部门批准后，始得进行。教学和科研单位，需要在风景名胜区范围内采集野生植物标本和野生药材的，须经风景名胜区管理机构批准，并按照限定的品种数量、指定的范围进行。

3. 做好古树名木的保护管理工作

具体内容详见本书第三章第三节。

4. 加强对风景名胜区建设项目的管理

在规划设计和施工过程中，要严格保护古树名木，施工结束后，必须及时清理场地，进行绿化，恢复环境原貌。

（二）环境卫生管理

为了加强风景名胜区环境卫生管理工作，创造良好的游览环境，促进风景名胜区事业的发展，根据建设部制定《风景名胜区环境卫生管理标准》，风景名胜区管理机构要妥善处理生活污水、垃圾，不断改善环境卫生。加强监督和检查，严格随意排泄或倾倒。要按照国家规定，加强对饮食和服务业的卫生管理，对于不符合规定的要及时处理。

（三）游览安全管理

1. 风景名胜区的治安管理

风景名胜区治安管理机构，要设置专门的治安部门或专职人员，配备必要的装备，加强治安巡逻和检查。对寻衅闹事、扰乱秩序和进行违法犯罪活动的不法分子，要严厉打击。确保国家财产和游人安全。

2. 对交通设施和活动器械的管理

对船、车、缆车、索道、码头等交通设施、游览活动器械、险要道路、繁忙道口及危险地段要定期检查，落实责任制度，加强管理和维护，及时排除危岩险石和其他不安全因素。在危险地段及水域或猛兽出没、有害生物生长地区要设置安全标志，写出防范说明，在没有安全保障的区域，不得开展游览活动。

3. 有计划有组织地开展游览活动

风景名胜区要计划地组织游览活动。在风景名胜区内举办大型群众性活动，要报请当地市、县公安机关审批，按照"谁主管，谁负责"的原则，精心组织，周密部署。严格控制参加活动的人数，严禁超员售票。因超容量引起的人身安全和景物破坏事故，要追究有关领导和管理者的责任。对于违反安全规定或因组织管理不善造成重大伤亡事故的直接责任者，要依法严肃处理，同时要追究单位主管领导行政、法律责任。

（四）开发经营管理

随着改革开放的不断深入，风景名胜区传统管理体制和经营模式发生了很大的变化，投资多元化（独资、外资、合资、贷款、债券等多种方式投资），经营多样化（委托经营、承包经营、合作经营、上市经营等多种形式经营），管理复杂化（地域交叉、职能交叉）的趋势愈加明显。因此，风景名胜区开发经营应坚持"国家所有、政府授权、特许经营、社会监督"的原则。

（五）其他方面的保护管理

除了加强以上保护管理以外，风景名胜区范围内的土地及其他自然资源、人文资源属于国家所有，任何单位和个人不得侵占或破坏；要加强对水体的保护和管理；切实维护好动物的栖息环境；禁止开山采石、挖河取土等经营活动；注意保持原有自然和历史风貌，定期维护人文景物及所处环境。

六、违反风景名胜区管理法的法律责任

违反风景名胜区管理法的法律责任，是指由于违反风景名胜区管理法而应承担的法律后果。具体规定如下：

第一，擅自改变规划及其用地性质，侵占风景名胜区土地进行违章建设的，由风景名胜区管理机构责令其限期退出所占土地，拆除违章建筑，恢复原状，并处以每平方米 30 元以下的罚款；不能恢复原状的，经上级建设行政主管部门批准，可处以每平方米 100~200 元的罚款。

第二，对于破坏植被、砍伐林木、毁坏古树名木、滥挖野生植物、捕杀野生动物、破坏生态，导致特有景观损坏或者失去原有科学、观赏价值的，由风景名胜区管理机构责令其停止破坏活动，没收非法所得，限期恢复原状；不能恢复原状的，责令赔偿经济损失，并可处以 1 000 元以上、3 万元以下的罚款。对于砍伐或者毁坏古树名木致死，捕杀、挖采国家保护珍贵动植物的，经上级建设行政主管部门批准可处以 3 万元以上的罚款。

第三，有下列行为之一的，由风景名胜区管理机构给予警告，通报批评，责令停止违法行为，并可处以 5 000 元以上、5 万元以下的罚款。其一，设计、施工单位无证或者超越规定的资质等级范围，在风景名胜区承担规划、设计、施工任务的；其二，对风景名胜区各项设施维护管理或者对各项活动组织管理不当，造成经济损失或者伤亡事故的；其三，在风景名胜区内从事违反国家法律法规所规定的不健康、不文明活动的。罚款超过 5 万元的应当报经上级建设行政主管部门批准。情节严重的，由颁发证件的建设行政主管吊销有关证件。

第四，污染或者破坏自然环境，妨碍景观的，由风景名胜区管理机构责令其停止污染或者破坏活动，限期恢复原状，并可处以 300 元以上、5 000 元以下的罚款；不能恢复原状的，处以 5 000 元以上、5 万元以下的罚款。罚款超过 5 万元的应当报经上级建设行政主管部门批准。

第五，毁损非生物自然景物、文物古迹的，由风景名胜区管理机构责令其停止毁损活动，限期恢复原状，赔偿经济损失，并可处以 1 000 元以上、2 万元以下的罚款。

第六，破坏游览秩序和安全制度，乱设摊点、阻碍交通，破坏公共设施、不听劝阻的，由风景名胜区管理机构给予警告，责令其赔偿经济损失，并可处以 100 元以上、5 000 元以下的罚款。

第七,风景名胜区管理机构违反风景名胜区规划进行违章建设、毁损景物和林木植被、捕杀野生动物或者污染、破坏环境的,由上级建设行政主管部门给予处罚。对风景名胜区的破坏后果严重,致使其有不符合原定风景名胜区级别的,由县级以上建设行政主管部门报请原审定该风景名胜区级别的地方人民政府或者国务院批准,给予降低级别或者撤销风景名胜区命名的处罚。

第八,风景名胜区管理机构及有关行政主管部门负责人及其工作人员玩忽职守、徇私舞弊、滥用职权的,由其所在部门或者上级主管部门给予行政处分。

第九,对违反风景名胜区管理处罚规定,同时又违反国家有关森林、环境保护和文物保护等法规的,由风景名胜区管理机构会同有关部门,参照相关法规合并处罚。

第十,违反风景名胜区管理法有关规定构成犯罪的,依法追究刑事责任。

第二节 公园管理法

一、公园管理法的概述

(一) 公园分类

根据公园的主管部门不同,我国公园的类型一般可分为:

1. 城市公园

城市公园是由政府或公共团体建设经营,供公众游憩、观赏、娱乐,同时是人们进行体育锻炼、科普教育的场地,具有改善城市生态、防火减灾、美化城市的作用。县级以上地方人民政府建设行政主管部门主管本行政区域的城市公园工作。城市公园又可分为:

(1) 综合性公园 它根据规模和服务半径的不同可分为市级综合性公园和区级综合性公园。

(2) 专类性和主题性公园 以某一类内容为主或供某一特定对象使用而设立的公园,包括动物园、植物园、儿童公园、纪念性公园、体育公园、文化公园、雕塑公园等。

(3) 花园 包括综合性花园、专类花园(如牡丹园、兰圃、丁香园等)。

2. 森林公园

森林公园是指森林景观优美,自然景观和人文景物集中,具有一定规模,可供人们游览、休息或进行科学、文化、教育活动的场所。县级以上地方人民政府林业主管部门主管本行政区域的森林公园工作。森林公园按其景物的观赏、文化、科学价值和环境质量、规模大小、游览条件等,划分为三级:

(1) **国家级森林公园**　森林景观特别优美,人文景物比较集中,观赏、科学、文化价值高,地理位置特殊,具有一定的区域代表性,旅游服务设施齐全,有较高的知名度。

(2) **省级森林公园**　森林景观优美,人文景物相对集中,观赏、科学、文化价值较高,在本行政区域具有代表性,具备必要的旅游服务设施,有一定的知名度。

(3) **市、县级森林公园**　森林景观有特色,景点景物有一定的观赏、科学、文化价值,在当地知名度较高。

(二) 城市公园的性质和任务

城市公园是城市园林绿化系统中的重要部分,它既是供群众进行游览、休息的场所,也是向群众进行精神文明教育、科学知识教育的园地,对于改善城市的生态条件,美化市容面貌,加强两个文明的建设,以及对外开放,发展旅游等方面,都起着重要的作用,因此,公园是社会公益事业单位。它不以直接生产商品、赚取利润为宗旨。

它的基本任务是,通过绿地配置树木花草,改善城市生态条件;提高艺术水平和环境质量,为人们提供优美、清新的游览、休息场所,向游人提供优质服务;通过不同方式,向游人进行精神文明与科学知识教育,寓教育于游览、娱乐之中。

(三) 公园管理法的概念

公园管理法,是指调整人们在保护、建设、管理和利用公园过程中所发生的各种社会关系的法律规范的总称。为了加强公园的管理工作,建设部于1992年6月18日颁布了《公园设计规范》,自1993年1月1日起施行。于1994年8月11日建设部发布了《城市动物园管理规定》,自1994年9月1日起施行,并于2001年9月7日建设部对《城市动物园管理规定》作了进一步修正。2001年2月23日建设部和国家质量技术监督局联合发布了《游乐园管理规定》,自2001年4月1日起施行。林业部于1994年1月22日发布了《森林公园管理办法》,自1994年1月22日起施行。

二、综合性公园

城市的综合性公园是现代化城市建设的重要组成部分,也是城市园林绿化系统中的有机组成部分，对改善城市的生态环境，美化城市面貌，丰富人民群众的文化生活，陶冶群众的情操，以及休息、保健等都起着重要的作用。世界各国通常采用城市拥有的公园数量、面积，人均占有的公园面积，以及公园面积与城市用地面积之比等，来反映城市公园绿化的水平与现状，也作为衡量城市现代化建设的一个标志。联合国生物圈生态与环境组织提出人均公园面积指标 $60m^2$ 为最佳居住环境，美国等西方国家提出城市要为每一人规划的公园面积指标为 $40\ m^2$，我国公园游人的人均占有公园的陆地面积，最低不应少于 $15\ m^2$。

（一）综合性公园的主管部门及其管理责任

国务院建设行政主管部门负责全国城市公园管理工作；省、自治区、直辖市人民政府建设行政主管部门负责本行政区域的公园管理工作；城市人民政府园林行政主管部门负责本城市的公园管理工作；城市人民政府园林行政主管部门可以授权城市公园管理机构，负责公园的日常管理工作。计划、建设、规划、国土、财政等职能部门，应当按照各自职能协同园林部门做好公园管理工作。

（二）综合性公园的规划和建设

1. 综合性公园规划的部门和原则

城市园林部门应当根据城市总体规划组织编制本市公园发展规划和建设计划，报城市人民政府批准后实施。新建公园的规划和建成的调整规划应当根据本城市公园发展规划和建设计划编制，由城市园林行政主管部门和城市规划行政主管部门审核，报城市人民政府审批。

园林规划的主要原则有：符合国家在园林绿化方面的方针政策；继承和革新我国造园艺术的传统，创造我国特有的园林风格与特色；按照城市园林绿地系统规划的原则，分别设置不同的内容，满足游览活动的需要；充分利用地形，有机地组织公园各个部分；充分体现地方的特色和风格；规划设计要切合实际，制定切实可行的分期建设计划及经营管理措施。

2. 综合性公园的建设

综合性公园建设的有关规定如下：

第一，公园内的亭、廊、榭、阁等非营业性的单体式园林建筑小品的建设，由城市园林行政主管部门审批，报城市规划行政主管部门备案；其他建设项目，经城市园林行政主管部门提出意见后，报城市规划行政主管部门审批。

第二，公园建设项目的设计和施工，应当由具有相应资质的单位承担。

第三，公园建设项目的设计方案必须符合国家的有关技术标准和规范，报城市园林行政主管部门审核后,方可办理报建手续。经批准的公园建设项目设计方案不得任意改变。确需变更设计方案的,应当经原批准部门批准。

第四,城市规划行政主管部门应当会同城市园林行政主管部门划定公园保护范围,并实施控制管理。公园保护范围内建(构)筑物的高度、色彩及建筑风格等应当与公园景观相协调。

第五,任何单位和个人不得侵占公园用地,不得擅自改变公园用地性质。违法侵占综合公园用地的,由城市人民政府责令限期清退。

第六,公园的重要功能是改善城市生态条件,在公园建设中必须以植物造景为主。根据《公园设计规范》规定,在规划公园中的用地时,绿化面积应不少于公园陆地总面积的70%,建筑物的占地面积,根据不同情况,应分别为公园陆地总面积的1%~3%,游览、休憩、服务性建筑的用地面积,不超过公园陆地面积的5%。这对于发挥公园的环境效益是非常必要的,同时还可大大降低造价。

(三) 综合性公园的管理

1. 园容管理

公园应当加强园容管理,景观、设施、环境达到规范要求,为游客提供优美、舒适的休息场所;公园应当加强绿化养护管理,保持植物生势良好,保护古树名木、文物古迹。凡在公园内砍伐树木的,必须经城市园林行政主管部门批准;公园内园道、公共卫生设施,应当按照市容环境卫生管理的有关规定实施管理,保持整洁及完好;公园内的水体应当保持清洁,及时打捞漂浮物,定期清理淤泥、杂物;公园内设置游乐、康乐和服务设施应当符合公园规划布局,与公园功能、规模、景观相协调。不相协调的,由城市园林行政主管部门责令限期调整。公园的建筑及游乐、康乐、服务等设施应当保持完好,标牌完整规范;在公园内只允许与公园配套的商业服务活动。在公园内从事商业服务活动,应当经公园管理机构和工商行政管理部门批准,并接受公园管理机构的检查、监督。不得拆除围墙(栏),建筑经营性的建(构)筑物。

2. 安全管理

公园应当建立安全管理制度,加强水上活动、动物展出、大型展览、节假日游园和游乐、康乐设施的安全管理。在公园内组织大型群众活动,应当按照有关规定落实防范和应急措施,保障游客安全;公园内涉及人身安全的游乐、康乐项目竣工后,必须经公安、劳动等部门验收合格方可使用,并定期检测、维修保养;公园设备、设施的操作人员,必须经业务培训合格后,持证上岗;除老、幼、病、残者专用的非机动车外,其他车辆未经公园管理机构许可不得进入公园；公园应按有关规定做好防风、防汛、防火和安全用电等工作，及时处理枯枝危树，定期检修湖泊堤坝，配备消防和抢救器材并定期保养、更新；公园内的饮食服务点，应当依法做好食品、食具和从业人员的卫生管理工作；公园引进、出口或者交换动植物，应当按照管理权限报所属管理部门审核，并按国家动、植物检疫管理有关规定报批。

3. 游园管理

游客应当文明游园，爱护公园绿化及设施，遵守游园守则及公园管理有关规定；公园内举办展览及其他活动，应当符合公园的性质和功能，坚持健康、文明的原则，不得影响游客的正常游园活动，不得损害公园绿化和环境质量。公园举办全园性的活动，应报城市园林行政主管部门批准；公园内禁止下列行为：携带易燃物品及其他危险品；恐吓、捕捉和伤害动物；在公园设施、树木、雕塑上涂写、刻画、张贴；损毁花草树木；在公园的亭、廊、座椅、护栏等设施上践踏、躺卧；随地便溺；乱丢果皮、纸屑、烟头等废弃物；其他损害公园绿化及设施的行为。

4. 门票的管理

为了规范游览参观点门票价格行为，维护正常的价格秩序，促进文化旅游事业健康发展，根据国家计委发布《游览参观点门票价格管理办法》，对公园门票的管理作如下规定：

第一，对与居民日常生活关系密切的城市公园、纪念馆、博物馆和展览馆等，门票价格应按照充分体现公益性的原则核定。

第二，在国内外享有较高声誉的全国重点文物保护单位、国家级风景名胜区和自然保护区等重要浏览参观点门票价格的调整，应实行价格听证会制度。

第三，制定、调整游览参观点门票价格，应报上一级政府价格主管部门备查。具体实施范围，分别按国务院价格主管部门和省级价格主管部门的规定执行。

第四，游览参观点门票实行一票制。游览参观点内确有必须实行重点保护性开放的特殊参观点，需要单独设置门票的，以及为方便游客，将普通门票和特殊参观点门票或相邻的游览参观点门票合并成联票的，联票价格应当低于各种门票价格相加的总和。

第五，季节性较强的游览参观点，可以分别制定淡季、旺季门票价格。为方便当地城市居民日常休闲、锻炼，游览参观点可以设置月（季、年）度门票。月（季、年）度门票应当体现价格优惠。对学生、现役军人、老年人、残疾人等及旅游团队可以实行优惠价格。

第六，游览参观点内举办临时展览原则免费。对确有观赏价值且投入较大的，游览参观点可以按价格管理权限申报制定临时展览门票价格。

第七，游览参观点门票价格是实行政府指导价定价的，遇有重要节假日（指春节、劳动节、国庆节）需调整参观门票价格时，应当报政府价格主管部门批准，并应提前2个月向社会公布。

第八，游览参观点应当严格执行明码标价的规定。游览参观点门票价格应当印制在门票票面的明显位置上，不得用加盖印章形式在票面上标示价格。

三、动 物 园

动物园是以集中饲养野生动物、濒危动物物种、飞禽以及少数优良家禽品种的公共绿地。它是一个活动物的博物馆，肩负着科学普及教育的任务。由于动物园具有优美的庭园环境和各种完善的服务设施，是一个供人们休息的公共场所，所以，动物园是集游览、科学普及和观赏为一体的公共绿地，使人们在这个优美的环境中，既增长知识，又得到了安逸的休息。

（一）动物园的主管部门及其管理责任

国务院建设行政主管部门负责全国动物管理工作；省、自治区、直辖市人民政府建设行政主管部门负责行政区域内的动物园管理工作，城市人民政府园林行政主管部门负责行政区域内的动物园管理工作。动物园管理机构负责动物园的日常管理及动物保护工作。

（二）动物园的规划和建设

动物园的规划和建设必须符合城市总体规划及城市园林和绿化规划，并进行统筹安排，协调发展。

1. 新建动物园的审批程序

需要新建动物园的，应当对建设地点、资金、动物资源和技术条件、管理人员配备等，进行综合分析论证，提出可行性报告和计划任务书，征得城市园林行政主管部门同意，报城市规划行政主管部门审批。

2. 动物园规划设计的原则

动物园的规划设计应当坚持环境优美、适于动物栖息、生长和展出、保证安全、方便游人的原则，遵照城市园林绿化规划设计的有关标准规范，同时，动物园的规划设计必须由具有相应的园林规划设计资质的单位承担。动物园规划设计方案由城市园林行政主管部门批准。

3. 动物园的建设

动物园的建设必须严格按照批准的规划设计进行。动物园的施工应当由具有相应资质等级的单位承担,严格执行国家有关标准、规划,竣工后按规定验收合格方可投入使用;任何单位和个人都不得擅自侵占动物园及其规划用地,已被占用的土地应当限期归还;动物园扩大规模、增加动物种类,必须在动物资源、动物笼舍、饲料、医疗等物质条件和技术、管理人员都具备的情况下稳步进行。

(三) 动物园的管理

动物园管理机构应当加强动物园的科学化管理,建立、健全必要的职能部门,配备相应的人员,建立和完善各项规章制度。应当严格执行建设部颁发的《动物园管理技术规程》标准。有关规定和要求如下:

第一,应当备有卫生防疫、医疗救护、麻醉保定设施,定时进行防疫和消毒。有条件的动物园要设有动物疾病检疫隔离场。

第二,对饲养动物加强档案管理,建立、健全饲养动物谱系。

第三,应当从事业经费中提取一定比例的资金作为科研经费,用于饲养野生动物的科学研究。

第四,完善各项安全设施,加强安全管理。确保旅游人员、管理人员和动物的安全。同时加强对游人的管理,严禁游人在动物展区内惊扰动物和大声喧哗。闭园后禁止在动物展区进行干扰动物的种种活动。

第五,加强园容和环境卫生的管理,完善环卫设施,妥善处理垃圾、排泄物和废弃物,防止污染环境。

第六,加强绿地的美化和管理,搞好绿地和园林植物的维护。

第七,根据动物园规划设计要求设置商业服务网点。未经动物园管理机构同意,任何单位和个人不得擅自在动物园内设置商业服务网点。

(四) 违反《城市动物园管理规定》的行为及处罚规定

第一,未取得规划设计、施工资质证书或者超越资质证书许可的范围承担动物园规划设计或施工的;没有严格按照批准的规划设计方案进行动物园建设的;未经批准擅自改变动物园规划设计方案的;擅自侵占动物园及其规划用地的。有以上行为之一的,按照有关规定处罚。

第二,未经城市园林行政主管部门同意,擅自在动物园内摆摊设点的,由城市园林行政主管部门给予警告、责令限期改正,并可处以1 000元以下的罚款。

第三,违反本规定同时违反《中华人民共和国治安管理处罚条例》的,由公安机关予以处罚;构成犯罪的,由司法机关依法追究刑事责任。

第四,城市园林行政主管部门或动物园管理机构的工作人员玩忽职守、滥用职权、徇私舞弊的,由其所在单位或上级主管部门给予行政处分;构成犯罪的，由司法机关依法追究刑事责任。

四、植 物 园

（一）植物园的概念和任务

植物园是以植物科学研究、科学普及为主，以引种驯化、栽培实验为中心，从事国内外及野生植物物种资源的收集、比较、保存和育种，并扩大在各方面的应用的综合性研究机构。

植物园以丰富的植物景观，多样化的园林布局，为广大群众提供了一个良好的游览休息绿地。因此，植物园是集科研、科普和游览于一体，以科普性为主的公共绿地形式。植物园还担负着向人们普及植物科学知识的任务，同时也是中小学生及相关大专院校学生实习的教学基地。我国植物园的历史虽不到 100 年，但在近 50 年来发展迅速，已达到 160 多个，差不多占了世界的 1/10，收集保存的植物已近 2 万多种，约占了中国区系成分的 2/3，也约占了世界植物园收集种数的 1/4。

（二）植物园的类型和组成

1. 植物园的类型

植物园按其性质可分为：综合性植物园和专业性植物园。

（1）*综合性植物园*　是指其兼备多种职能，即科研、游览、科普及生产的规模较大的植物园。目前，我国在这类植物园中，一种归科学院系统管理，其以科研为主结合其他功能的，如北京植物园（南园）、南京中山植物园、庐山植物园、武汉植物园、华南植物园、贵州植物园、昆明植物园、西双版纳植物园等；另一种归园林系统管理，其以观光游览为主，结合科研、科普和生产的，如北京植物园（北园）、上海植物园、青岛植物园、杭州植物园、厦门植物园、深圳仙湖植物园等。

（2）*专业性植物园*　是指根据一定的学科、专业内容布置的植物标本园、树木园、药圃等，如浙江农业大学植物园、武汉大学树木园、广州中山大学标本园、南京药用植物园（属中国药科大学中药学院）等。这类植物园大多数属于某大专院校、科研单位，所以又可称为附属植物园。

2. 植物园的组成

综合性植物园主要分两大部分，以科普为主，结合科研与生产的科普展览区和以科研为主，结合生产的苗圃试验区。此外还有职工生活区。

（1）*科普展览区*　主要展示植物界的自然规律，人类利用植物和改造植物的知识，供人们参观学习。主要内容包括：植物进化系统展览区、经济植物展览区、树木园区、水生植物区、温室区、专类园区、岩石区等。

(2) 苗圃试验区　是专门进行生产和科学研究的用地，为了减少人为的破坏和干扰，一般不对游人开放，仅供专业人员参观学习。主要包括：苗圃区、温室及引种驯化区、植物检疫用地等。

(3) 生活区　植物园多数位于城市郊区，路途较远，为方便职工上下班，并满足职工生活需要，应设有相应的职工生活区。

五、游 乐 园

(一) 游乐园的概念

游乐园包括在独立地段专以游艺机、游乐设施开展游乐活动的经营性场所和在公园内设有游艺机、游乐设施的场所。

游艺机和游乐设施是指采用沿轨道运动、回转运动、吊挂回转、场地上（水上）运动、室内定置式运动等方式，承载游人游乐的机构设施组合。

(二) 游乐园的主管部门

国务院建设行政主管部门负责全国游乐园的规划、建设和管理工作；国务院质量技术监督行政主管部门负责全国游艺机和游乐设施的质量监督和安全监察工作。县级以上地方人民政府城市园林、质量技术监督行政主管部门负责本行政区域内相应的工作。

(三) 游乐园的规划与建设

游乐园的规划与建设的规定和要求如下：

第一，游乐园筹建单位对游乐园的建设地点、资金、游艺机和游乐设施、管理技术条件、人员配备等方面，进行综合分析论证，经所在地城市园林行政主管部门审查同意后可办理规划、建设等审批手续。

第二，游乐园的规划、设计、施工应当执行国家有关标准和规范。如《游艺机和游乐设施安全标准》（GB8408—87）等。

第三，以室外游艺机、游乐设施为主的游乐园，绿地（水面）面积应当达到全园总面积的60％以上。游乐园经营单位应当加强园内绿地的美化和管理，搞好绿地和园林植物的维护。

第四，任何单位和个人不得擅自在游乐园内设置商业服务网点。要在游乐园内设置商业服务网点，应当经城市人民政府园林行政主管部门批准。

(四) 实行登记制度

1. 游乐园登记的主管部门

城市园林行政主管部门负责本行政区域内游乐园的登记工作。游乐园登记的内容包括游乐园基本情况和游乐园内游乐项目基本情况。

2. 游艺机和游乐设施登记的主管部门

地、市级以上质量技术监督行政主管部门负责本行政区域内游艺机和游乐设施的登记工作。增加游艺机、游乐设施，游乐园经营单位应当经地、市级以上质量技术监督行政部门登记后，到城市人民政府园林行政主管部门增补登记，方可运营。

（五）安全管理

游乐园经营单位应当加强管理，健全安全责任制度等各项规章制度，配备相应的操作、维修、管理人员，保证安全运营。游乐园经营单位应设置游乐引导标志，保持游览路线和出入口的畅通，及时做好游览疏导工作。

游乐园经营单位应当对游艺机和游乐设施加强检查，按照《游艺机和游乐设施安全标准》和质量技术监督行政主管部门有关特种设备质量监督与安全监察规定。由国家质量技术监督局认可的机构定期对游艺机和游乐设施进行检验。游乐园经营单位对游艺机和游乐设施，除日检查、周检查、月检查外，必须每半年组织一次全面检查和考核，发现问题及时加以解决。严禁使用检修或者检验不合格及超过使用期限的游艺机和游乐设施。游乐园经营单位对各种游艺机、游乐设施要分别制定操作规程和运行管理人员守则。操作、管理、维修人员应当经过培训，操作维修人员应当按照国家质量技术监督局的有关规定，进行考核，持证上岗。

游乐园经营单位应当建立紧急救护制度。发生人身伤亡事故，游乐园经营单位应当立即停止设施运行，积极抢救，保护现场，并立即按照有关规定报告所在地城市园林、质量技术监督、公安等有关行政主管部门。对事故隐患不报，主管部门要追究其领导的责任。

（六）法律责任

违反游乐园管理规定的处罚规定如下：

第一，城市园林行政主管部门对未按照规定进行游乐园登记或者增补登记的游乐园经营单位，应当给予警告，责令其在30日内补办登记手续，逾期不办的，处以5 000元以下的罚款。

第二，违反本规定有下列行为之一的，由城市园林行政主管部门给予警告、责令改正，并可处以5 000元以上3万元以下的罚款：擅自侵占游乐园绿地的；未对安全保护进行说明或者警示的；未建立安全管理制度和紧急救护措施的。

第三，游艺机和游乐设施安装、使用、检验、维修保养和改造违反有关质量监督与安全监察规定的，由质量技术监督行政主管部门按照有关规定处罚。

第四，由于游乐园经营单位的责任造成安全事故的，游乐园经营单位应当承担赔偿责任；构成犯罪的，依法追究刑事责任。

第五，园林行政主管部门、质量技术监督行政部门以及游艺机、游乐设施检验机构或者游乐园的工作人员玩忽职守、滥用职权、徇私舞弊、弄虚作假的，由其所在单位或者上级主管部门给予行政处分；构成犯罪的，依法追究刑事责任。

六、森林公园

为了加强森林公园管理，合理利用森林风景资源，发展森林旅游，根据《中华人民共和国森林法》和国家有关规定，原林业部发布了《森林公园管理办法》。

（一）森林公园的主管部门及其管理职责

国务院林业主管部门主管全国森林公园工作。县级以上地方人民政府林业主管部门主管本行政区域内的森林公园工作。

在国有林业局、国有林场、国有苗圃、集体林场等单位经营范围内建立森林公园的，应当依法设立经营管理机构；在国有林场、国有苗圃经营范围内建立森林公园的，国有林场、国有苗圃经营管理机构也是森林公园的经营管理机构，仍属事业单位。

森林公园经营管理机构负责森林公园的规划、建设、经营和管理。森林公园经营管理机构依法确定其管理的森林、林木、林地、野生动植物、水域、景点景物、各类设施等，享有经营管理权，其合法权益受法律保护，任何单位和个人不得侵犯。

（二）森林公园规划的原则和依据

森林公园规划要以充分开发利用林区的风景资源，开展旅游，增进游人健康，宣传爱国主义，宣传科学，搞活林区经济为原则，并应遵循下列具体原则和依据：游览区和生活区分开；一切重要景素都要划入游览区；不同特质的景素应单独设立景区；景区是森林公园内的独立单元，每个景区都应有明显特质的主要景素和若干近似或相谐景素，一个景区内所含各景素的特质必须协调或至少不相悖；每个景区的面积都应有一定的游人容量；为了开展旅游事业的需要，针对该森林公园现有景素的特质与分布情况，可以为了烘托自然景素和已有的人工景素而增设人工景素，甚至可以增设人工景区。

（三）森林公园的景色评价

森林公园的景色等级可分为四级。其等级可按下列标准进行评价。

第一级：奇景。标准是由众多举世罕见的绝妙的上上景组成，足令游人叹为观止，如痴如醉。例如：湖南的张家界、四川的黄龙寺等。

第二级：胜景。标准是有上上景和上景或由众多不同特质的上等景素组成，多景相连，丰富多彩，引人入胜，美不胜收。例如：安徽的黄山等。

第三级：美景。有上等或中等景素为主景组成，有胜可览，环境优雅，或以山水、森林为环境，有楼、台、亭、榭或其他古建筑名胜和历史陈迹、美丽的神话、传说，或有珍稀动物，奇花异草，古树、大树、珍稀树木、名药、佳果等供人游赏观览、沐浴。总之，可使人心旷神怡，顿忘愁烦。

第四级：佳景。在城镇、工矿附近，由大片林木构成的森林环境，或有山、水、高大建筑（包含借景）陪衬，区内有各种文化娱乐设施，环境幽雅，游人可在此得到休憩，以解劳烦。

（四）森林公园的建设

森林公园的撤销、合并或者变更经营范围，必须经原审批单位批准。未经国务院林业主管部门批准，不得将林业主管部门管理的森林公园变更为非林业主管部门管理；森林公园的开发建设，可以由森林公园经营管理机构单独进行；或由森林公园经营管理机构同其他单位或个人以合资、合作等方式联合进行，但不得改变森林公园经营管理机构的隶属关系；森林公园的设施和景点建设，必须按照总体规划设计进行。在珍贵景物、重要景点和核心景区，除必要的保护和附属设施外，不得建设宾馆、招待所、疗养院和其他工程设施。

（五）森林公园的管理

禁止在森林公园毁林开垦和毁林采石、采砂、采土以及其他毁林行为。采伐森林公园的林木，必须遵守有关林业法规、经营方案和技术规程的规定；占用、征用或者转让森林公园经营范围内的林地，必须征得森林公园经营管理机构同意，并按《中华人民共和国森林法》及其实施细则等有关规定，办理占用、征用或者转让手续，按法定审批权限报人民政府批准，交纳有关费用。在森林公园设立商业网点，必须经森林公园经营管理机构同意，并按国家和有关部门规定向森林公园经营管理机构交纳有关费用；森林公园经营管理机构应当按照林业法规的规定，做好植树造林、森林防火、森林病虫害防治、林木林地和野生动植物资源保护等工作。

（六）森林旅游安全管理措施

1. 提高认识，切实加强领导，严格落实安全责任

进一步提高认识，增强安全意识，坚持"预防为主，安全第一"的方针，做到警钟长鸣，长抓不懈，把旅游安全管理放在森林旅游工作的首要位置，各级领导要把森林旅游安全工作列入重要议事日程，按照"谁主管，谁负责"的原则，建立健全各级森林旅游安全工作责任制和各项规章制度，做到职责明确，责任到人，要加强员工的安全教育，提高安全意识和防患意识，把森林旅游安全管理工作落到实处。

2. 坚持维护社会治安和森林旅游秩序，营造良好的森林旅游环境

森林旅游单位要与当地公安、工商等有关单位密切配合，对从事森林旅游的各类人员实施有效管理。认真清理无证摊贩和无证导游，严禁强买强卖、欺诈哄骗等侵害游客利益的行为，杜绝恶性治安事件的发生。

3. 加强森林旅游各项设施的管理和检查，确保游客人身安全

森林旅游单位要对本单位的车、船、索道、游路、桥梁等交通工具进行定期检查，保证各种器械处于完好状态，确保安全运营，消除事故隐患。对不符合安全规定的，要坚决停止使用。对景区景点的危险地段要加固防护设施。

4. 加强饮食卫生、环境卫生的管理，保障游客身心健康

旅游区内从事餐饮服务的单位和个人，要严格按照国家食品卫生标准操作，防止食品中毒及疾病流行事件的发生。要加强环保设施建设，搞好环境卫生，控制环境污染，确保整洁卫生。

5. 加强消防工作，杜绝火灾隐患

森林旅游单位一定要切实做好消防工作，特别是要加强森林消防工作，在加强对内部人员及游客的防火安全宣传教育的同时。加强火源管理，消除火灾隐患。要制定扑火预案，一旦发生火警，及时有效采取措施，增强补救能力，做到"打早、打小、打了"。

6. 完善安全事故救援措施，增加安全保险意识

森林旅游单位要积极参加森林旅游安全保险或游客人身意外事故保险，以减小事故风险。实行森林旅游安全事故报告制度，对事故发生的原因及时进行调查，妥善处理。

复习思考题

一、问答题

1. 解释下列概念：

   风景名胜区　　风景资源　　森林公园

2. 我国的风景名胜区是如何分级的？分别由哪个部门报批？
3. 风景名胜区规划的原则是什么？
4. 风景名胜区在分区规划和分级规划上的规定有哪些？
5. 风景名胜区在建设和管理上的主要规定是什么？
6. 综合性公园在建设和管理上有何规定？
7. 综合性植物园由哪几部分组成？
8. 森林公园规划的原则和依据是什么？在建设和管理上有哪些规定？

二、案例分析题

1. 在2001年我国某著名风景名胜区管理机构为扩大旅游项目，在该风景名胜区核心景区建起了一座钢筋水泥建筑物——"观景台"。远远望去，犹如一座碉堡，这座圆形建筑结构为"框筒7层，地下2层"，建筑面积达2 000m^2，预计总造价达数千万元，这座碉堡状建筑物一出现，立即引起群众及著名学者的强烈反响。面对反对声浪，该风景名胜区管理机构不得不对这大煞风景的"观景台"进行小规模分次爆破，以便对风景名胜区的影响降低到最低限度，当初兴建时耗费大量人力运上山顶的钢材、水泥变成垃圾后再被运下山去。据悉，爆破拆除"观景台"、恢复植被、重建原有建筑，将耗资200多万元。

   试分析：该风景名胜管理机构违反了风景管理区管理法中的哪些规定？

2. 我国某风景名胜区是我国被联合国科教文组织列为世界自然文化双重名录为数不多的遗产之一。在其核心景区是以花岗岩体组成的数以万计的奇峰峭壁，其上生长着千姿百态的奇松和1 000多种植物，数不清的流水、瀑布、溪、潭，加上变幻莫测的云烟，形成千变万化的奇特景观，自然生态环境绝佳，被誉为"人间仙境"。然而，该风景名胜区于2001年大量兴建楼堂馆所，使地形植被遭破坏，具体情况如下：

   在该风景名胜区的核心景区的某一景区内新建、扩建不少的宾馆、饭店、招待所，由于大兴土木修建这些设施，造成一座山峰的山体已被挖掉一块，原来郁郁葱葱的松树不见了，花岗岩体消失，不少角落里堆放大量的建筑、生活垃圾。在不少游道上竖起了一块牌子——"前方施工、游客止步"。

   在该风景名胜区的核心景区的另一个景区内，正在修建一座大型水库，这座水库最大坝高达51.75m，建成后蓄水21万 m^3，整个工程将铺设供水管道40km。再加上原有的8座水库，20多座蓄水池。由于建水库造成炸石筑坝毁景点，以及由于铺设一根又粗又大的黑色供水管道，造成一主路道被挖。这与美丽的自然景观极不协调，而且还会大大地破坏该风景名胜区花岗岩体和峰林地貌的真实性、完整性，水库蓄水之后又将破坏大面积植被，并危及大坝下面的植被和自然景观。

   在风景名胜区的核心景区的又一个景区内设有该风景名胜区管理机构及其职工生活区，这里楼房林立，设施齐全，篮球场、电影院、幼儿园、商场、饭店、食堂应有尽有。

该生活区内常住人员达到 6000 多人，俨然一个小城镇。这对风景名胜区的环境产生影响和破坏。据悉，该风景名胜区现状已引起国家有关部门和专家的高度重视，有关部门已着手对此事进行调查和整改。

　　试分析：该风景区违反了《风景名胜区管理暂行条例》和《风景名胜区管理暂行条例实施办法》中的哪些规定？应对该风景名胜区作出如何处罚？

第五章

合同法律制度

【本章提要】 本章介绍了合同的订立和效力、履行和担保、变更和转让、违约责任和合同纠纷的解决等方面的一些主要内容,学习本章应注意理解合同的订立过程、合同履行的规则、合同变更与履行的效力,着重掌握合同效力的确认、合同担保和保全方式以及违约责任的构成和责任承担方式。

第一节 《合同法》概述

一、合同的概念与特征

(一) 合同的概念

合同也称契约。根据《中华人民共和国合同法》的规定,合同是平等主体的自然人、法人、其他组织之间设立、变更、终止民事权利义务关系的协议。其中,法人是指依法成立,能够独立享有民事权利和承担民事义务的组织,包括机关、团体、企业、事业单位、公司等。其他组织是指不具备法人资格的合伙组织以及分支机构等。民事权利义务关系是指财产关系,这里所指的协议不包括婚姻、收养、监护等有关身份关系的协议。

(二) 合同的主要法律特征

合同具有的主要法律特征:

1. 合同是一种民事法律行为,体现的是民事法律关系

民事法律行为是当事人有意识进行的,能够引起一定法律后果的行为,由此产生的权利义务关系是法律关系。

2. 合同是双方或多方自愿达成的民事法律行为

合同是当事人意思一致的表示,任何一方不能把自己的意志强加给对方,也不受其他单位和个人的非法干预。只要一方当事人的意思表示或者双方当事人之间的意思表示不一致，合同也就不能成立。

3. 合同当事人的法律地位是平等的

合同关系不是一种行政隶属关系，合同当事人各方，不论是法人还是自然人或其他组织，不论其在行政上有无上下级隶属关系，不论其所有制形式如何，也不论其经济实力强弱，其法律地位是平等的，任何一方都不能把自己的意志强加给对方。

4. 合同是当事人合法的法律行为

合同的订立和内容必须合法，合同中确立的权利义务，必须是当事人各方依法可以行使的权利和承担的义务。

二、合同的种类

按照不同的标准，从不同的角度，可将合同作以下分类：

（一）要式合同和不要式合同

根据合同成立是否特别要求具备特定形式和手续，可将合同分为要式合同和不要式合同。要式合同即法律、法规要求或当事人约定必须具备特定形式和手续才能成立的合同；不要式合同即不以特定形式为成立要件的合同。

（二）诺成合同和实践合同

根据合同成立是否以交付标的物为要件，可将合同分为诺成合同与实践合同。各方当事人意思表示一致即告成立的合同为诺成合同；实践合同又叫要物合同，是指除各方当事人意思表示一致外，还须交付标的物才能成立的合同。

（三）双务合同和单务合同

根据合同各方权利、义务的分担方式，可以分为双务合同和单务合同。双务合同即各方都要承担权利和义务的合同；单务合同即只需合同一方面承担义务的合同。

（四）有偿合同和无偿合同

根据当事人之间取得权利有无代价，可将合同分为有偿合同和无偿合同。有偿合同即当事人取得一定的权利时需要付出一定的代价，尽一定义务的合同；无偿合同即当事人不需付出代价即可获得一定权利的合同。

（五）主合同和从合同

根据合同的主从关系，可将合同分为主合同和从合同。主合同与从合同是相对而言的，不需要依赖其他合同而能独立存在的合同为主合同；需要依赖其他合同（主合同）才能成立的合同为从合同，如担保合同。

（六）有名合同和无名合同

根据法律上有无规定一定的名称，可分为有名合同和无名合同。有名合同即典型合同，是指法律、行政法规规定了具体名称和调整规范的合同。我国合同法分则规定了 23 种有名合同，基本上概括了合同的主要种类。无名合同即非典型合同，是指法律尚未规定其名称和相应的调整规范的合同。

三、合同法的原则

1999 年 3 月 15 日第九届全国人民代表大会第二次会议通过了《中华人民共和国合同法》（以下简称《合同法》），该法分为总则、分则、附则三部分，共 23 章、428 条，于 1999 年 10 月 1 日起施行。这是新中国第一部统一的合同法，也是调整和规范社会主义市场经济秩序的基本法律。

（一）《合同法》调整的范围

《合同法》调整的范围包括：平等主体之间的外国自然人、法人、其他组织与中国自然人、法人和其他组织之间的合同关系；法人、其他组织之间的经济贸易合同关系，同时还包括自然人之间的买卖、租赁、借贷、赠与等合同关系；在政府机关参与的合同中，政府机关作为平等的主体与对方签订合同时、有关企事业单位之间根据国家订货任务签订合同时，适用《合同法》的规定；其他法律对合同有规定的，依照其规定，但仍适用《合同法》总则的规定。如《中华人民共和国商标法》《中华人民共和国专利法》《中华人民共和国著作权法》等法律都对有关合同的特殊性问题作了具体规定。

（二）《合同法》的基本原则

《合同法》的基本原则是合同当事人在合同活动过程中应当遵守的基本准则，也是人民法院、仲裁机构在审理、仲裁合同纠纷时应当遵循的原则。

1. 平等原则

《合同法》第三条规定合同当事人的法律地位平等，一方不得将自己的意志强加给另一方。在法律上，合同当事人不论是自然人还是法人或其他组织，都是平等的主体。其权利义务也是对等的，既享有权利，同时又承担义务，而且彼此权利义务是相对应的。需要指出的是，平等原则不是指当事人享有的权利和承担的义务均等。法律地位上的平等，并不意味着当事人享有的具体民事权利和承担的具体民事义务都是一样的。

2. 自愿原则

《合同法》第四条规定，当事人享有自愿订立合同的权利，任何单位和个人不得非法干涉。这一原则贯穿于合同活动全过程,即当事人有权根据自己的意志和利益,自愿决定是否签订合同;与谁签订合同;签订什么样的合同;自愿协商和确立合法的合同内容或补充合同内容;协商变更合同内容;自愿协商解除合同;自愿协商确定违约的责任;选择争议解决方式。《合同法》的这一原则,体现了民事活动的基本特征,是民事法律关系区别于行政法律关系、刑事法律关系的特有的原则。

3. 公平原则

《合同法》第五条规定,当事人应当遵循公平原则确立各方的权利和义务。根据这一原则无论是签订合同还是变更合同,应当公平合理地确定双方的权利和义务,不得滥用权利,不得欺诈,不得假借订立合同进行恶意磋商,应当公平合理地确立违约责任,公平合理地确立风险的合理分配。

4. 诚实信用原则

《合同法》第六条规定,当事人行使权利、履行义务应当遵循诚实信用的原则。这一原则要贯穿于合同活动的全过程,包括不得以欺诈或其他违背诚实信用的行为签订合同;要根据合同的约定忠实正确地履行合同;合同终止后,也要根据交易习惯履行通知、协助保密等义务。

5. 合法原则

《合同法》第七条规定,当事人订立、履行合同,应当遵守法律、行政规范,遵守社会公德,不得扰乱社会经济秩序,扰乱社会公共利益。合同关系不仅是当事人之间的关系,有时可能涉及社会公共利益、社会经济秩序和社会公德。因此,合同当事人的意思应当在法律范围内表示。合同的订立、履行也必须在法律规定的范围内进行。

第二节 合同的订立和效力

一、合同的订立

合同的订立是指两个或两个以上的当事人,依法就合同的主要条款经过协商一致,达成协议的法律行为。合同当事人可以是自然人,也可以是法人或者其他组织,都应当具有与订立合同相应的民事权利能力和民事行为能力。当事人也可以依法委托代理人订立合同。

(一)合同订立的形式

合同的形式是当事人意思表示一致,达成协议的外在表现形式。《合同法》规定，当事人订立合同有以下三种形式。

1. 书面形式

书面形式是指合同书、信件、数据电文（包括电报、电传、传真、电子数据交换和电子邮件）等可以有形地表现所载内容的形式。书面形式明确肯定，有据可查，便于分清责任和取证，有利于减少欺诈，保证交易安全，对于防止争议和解决纠纷，有积极的意义。实践中，法律法规规定采取书面形式的以及当事人约定采取书面形式的，都应当采取书面形式。这也是当事人最为普遍采用的一种合同约定形式。

2. 口头形式

口头形式是指合同当事人以直接语言交流方式为意思表示并达成协议的一种形式。口头形式直接、简便、迅速，但由于缺乏有关合同内容的文字根据，发生纠纷时难以取证，不易分清责任，不利于交易安全。所以用口头形式宜慎重。一般运用于标的数额较小的合同和即时清结的合同。对于不能即时清结的合同和标的数额较大的合同，则应采取书面形式。

3. 其他形式

除了书面形式和口头形式，合同还可以采取其他形式成立。法律上没有列举具体的"其他形式"，但可以根据当事人的行为或者特定情形推定合同的成立。这种形式也是法律认可的合同的其他形式。例如旅客购买的车、船票，即是证明运输合同关系的凭证。

（二）合同的内容

合同的内容，即合同当事人订立合同的各项具体意思的表示，具体体现为合同的各项条款。根据我国《合同法》的规定在不违反法律强制性规定的情况下，合同的内容由当事人约定，一般包括以下的条款：

1. 当事人的名称或者姓名和住所

当事人是法人或其他组织的必须将其全称明确地写在合同中；当事人是自然人的，要写真实姓名。另外，合同中还要写明法人或其他组织从事生产、经营活动的固定场所以及自然人的户籍所在地或经常居住地，以避免虽知当事人的名称或者姓名，却无处查找。

2. 标的

标的是合同当事人双方权利和义务所共同指向的对象。任何合同都应当有标的，没有标的或标的不明确的合同不成立，合同关系无法建立。因此，标的是合同成立的必要条件，是一切合同必备的条款。

合同的标的可以是有形财产，即具有价值和使用价值并且法律允许流通的有形物，如生产和生活资料等；也可以是无形财产，即具有价值和使用价值并且法律允许流通的不以实物形态存在的智力成果,如商标权、专利权、著作权、技术秘密等;还可以是劳务或工作成果,劳务是指不以财产体现其成果的劳动与服务,如运输合同中的运输行为、用工合同中的劳动行为。工作成果是指在合同履行过程中产生的、体现履约行为的有形物或无形物,如建设工程合同中承包人完成的建设项目、技术合同中的研究开发人共同完成的开发成果等。

3. 数量

数量是对标的量的规定,是以计量单位和数字来衡量的标的尺度,它决定着权利和义务的大小,如产品数量多少、完成工作量多少等。合同的数量需准确,应选择使用双方当事人共同接受的计量单位、计量方法和计量工具。

4. 质量

质量是标的的具体特征,是标的的内在素质和外观形态的结合,一般以品种、型号、规格、等级和工程项目的标准等体现出来。合同中必须对质量明确加以规定。质量条款必须符合《中华人民共和国标准化法》和《产品质量法》等法律法规的规定,法律法规中没有明确规定使用标准的,应尽可能约定其适用的标准。此外,质量条款中应明确质量的检验方法及试验方法、质量责任的期限和条件等。

5. 价款或者报酬

价款或者报酬是指当事人一方向交付标的的一方支付的货币。价款是以物为标的的合同中,取得标的的一方向另一方支付的代价,如买卖产品的货款、财产租赁的租金、借款的利息等。报酬是接受服务或者成果的一方向另一方支付的代价,如保管合同中的保管费、存储合同中的存储费、劳务合同中的劳务费等。价款或者报酬作为主要条款,在合同中应明确规定其数额、计算标准、结算方式和程序等。

6. 履行期限、地点和方式

履行期限是指当事人各方依照合同规定全面完成自己合同义务的时间,是确定合同能否按时履行的依据;履行的地点是指当事人依照合同规定完成自己的义务所处的地理位置,它直接关系到履行合同的费用、双方当事人的利益、以及确定所有权是否转移、何时转移、发生纠纷后由何地法院管辖的依据;履行的方式是指合同当事人履行合同义务的具体做法。不同种类的合同有不同的履行方式。有的合同以转移一定财产的方式履行,如买卖合同;有的合同以提供劳务的方式履行,如运输合同;有的合同要以支付一定的工作成果的方式履行,如建设工程合同;有的合同要一次全部履行;有的合同要求分几次履行;也有的合同要求定期履行。

7. 违约责任

违约责任是合同当事人不履行合同或不按合同的约定履行合同应当承担的法律责任。在合同中明确规定违约责任有利于督促当事人自觉履行合同,使对方免受或少受损失,有利于确定违反合同的当事人应承担的责任。所以,合同中要明确规定违约责任条款,如约定定金或违约金,约定赔偿金额以及赔偿金的计算方法等。

8. 解决争议的方法

解决争议的方法是指合同当事人对合同的履行发生争议时解决的途径和方式。可以选择解决争议的方法主要有:当事人协商;第三人调节;仲裁;诉讼。如果意图通过诉讼解决,可以不进行约定;如果通过其他途径解决则要在事先或事后约定,若想选择仲裁解决方法,则要明确具体的仲裁机构。

除法律另有规定外,涉外合同的当事人可以选择解决他们的争议所适用的法律,可以选择中国法律、其他国家或地区的法律。当他们选择仲裁方式解决纠纷时,可以选择中国的仲裁机构,也可以选择其他国家的仲裁机构。

(三) 合同的格式条款

《合同法》还规定,当事人可以参照各类合同的示范文本订立合同。同时,有些行业(如电力、煤气、自来水、铁路、邮政等商品供应或服务行业)需要进行频繁的、重复性的交易,在多次的交易过程中,为了简化合同订立的程序,形成了"格式条款"(又称格式合同),即当事人为了重复使用而预先拟定,并在订立合同时未与对方协商的条款。当事人采用格式条款订立合同时,提供格式条款的一方应当遵循公平原则确定当事人之间的权利和义务,实践中各类合同的示范文本,可以提示当事人在订立合同时更好地明确各自的权利义务。参照这些文本订立合同,可以减少合同缺少款项、容易引起纠纷的现象,使合同的订立更加规范。

(四) 合同订立的过程

《合同法》第十三条规定,当事人订立合同采取要约、承诺方式。要约、承诺其实就是合同订立的一般程序,是当事人双方或多方就合同内容进行协商,达成一致意见的过程。

1. 要约

要约是希望和他人订立合同的意思表示。当一方当事人向对方提出合同条件做出签订合同的意思表示时,称为"要约"。发出要约的一方当事人为要约人,另一方当事人为受要约人。要约在商业活动中和对外贸易中又称投价、发价、出价、发盘、出盘等。

(1) 要约的规定 要约应当符合下列规定:第一,内容具体明确。要约的内容必须具有足以使合同成立的主要条件,包括主要条款,如标的的数量、质量、价款或报酬、履行期限、地点和方式等,而且必须明确具体。这样受要约人才能决定是否接受该要约,而要约一经接受,合同即告成立。第二,表明受要约人一旦承诺,要约人即受该要约约束。当要约送达受要约人后,在要约的有效期限内,要约人不得擅自撤回要约或变更要约内容。要约一经承诺,要约人即受约束,合同相应成立。第三,要约必须由特定的人向特定的人发出,也可以向非特定人发出。

在此,要注意将要约与要约邀请相区别,要约邀请是希望他人向自己发出要约的意思表示,不属于订立合同的行为。寄送的价目表、拍卖广告、招标公告、招股说明书、商业广告等,性质为要约邀请。但如商业广告的内容符合要约的规定,如悬赏广告,则视为要约。

(2) 要约的生效时间 要约到达受要约人时生效。要约的生效时间因要约的方式不同而有不同的界定,口头形式的要约从受要约人了解要约的内容时开始生效;书面形式的要约一般送到受要约人所能控制并应当能够了解要约内容的地方(如受要约人的住所或信箱等)时生效;采用数据电文形式订立合同,收件人指定特定系统接受数据电文的,该数据电文进入该特定系统的时间,视为到达时间;未指定特定系统的,该数据电文进入收件人的任何系统的首次时间,视为到达时间。

(3) 要约的撤回 要约的撤回是指要约人在要约生效之前使要约不发生法律效力的意思表示,法律规定要约可以撤回。由于要约在到达受要约人时即生效,因此,撤回要约的通知应当在要约到达要约人之前或者与要约同时到达要约人。

(4) 要约的撤销 要约的撤销是指要约人在要约生效后,受要约人承诺前,使要约丧失法律效力的意思表示。撤销要约的通知应当在受要约人做出承诺之前送达要约人,撤销要约可能会损害受要约人的利益,因此,法律上规定了以下两种情形不得撤销要约:一种情况是要约中确定了承诺期限或者以其他形式表明要约不可撤销;另一种情况是受要约人有理由认为要约是不可撤销的,并已经为履行合同做了准备工作。

(5) 要约的失效 要约失效是指要约丧失法律效力。《合同法》规定了要约失效的情形:第一,拒绝要约的通知到达要约人,要约人一旦收到受要约人不完全接受要约的通知,要约即失去效力。第二,要约人依法撤销要约。第三,承诺期限届满,受要约人未作出承诺。要约中规定承诺期限的,超过这个期限不承诺,则要约失效;要约没有规定承诺期限的,如要约以对话方式做出的,除当事人另有约定外,受要约人未即时作出承诺的,要约即失效;如要约以非对话方式做出的，受要约人未在合理期限内作出承诺的，要约即失效。第四，受要约人对要约的内容作出实质性变更。受要约人在要约的有效期内给予答复，但对要约内容作了实质性变更，这等于提出了一个反要约，实质上是拒绝了要约人的要约，要约即失效。

2. 承诺

（1）**承诺的条件** 承诺是受要约人同意要约的意思表示。承诺应当具备以下条件：第一，承诺必须由受要约人作出，如由代理人承诺，则代理人必须有合法委托手续。第二，承诺必须向要约人作出。第三，承诺的内容应当与要约的内容一致。第四，承诺应当在要约确定的期限内做出。

（2）**承诺的方式** 承诺应当以通知的方式做出，通知的方式可以是口头的，也可以是书面的。一般来说，如果法律或要约中没有规定必须以书面形式表示承诺，当事人就可以口头形式表示承诺，根据交易习惯或当事人之间的约定，承诺也可以通过实施一定行为或以其他方式做出，不过，通常对沉默或不行为不能视为承诺。

（3）**承诺的期限** 要约以信件或电报做出的，承诺期限自信件载明的日期或者电报交发之日开始计算。信件未载明日期的，自投寄该信件的邮戳日期开始计算。要约以电话、传真等快速通讯方式做出的，承诺期限自要约到达受要约人时开始计算。

（4）**承诺的生效** 承诺通知到达要约人时生效。承诺不需要通知的，根据交易习惯或者要约的要求做出承诺的行为时生效。

承诺可以撤回，承诺的撤回是指受要约人阻止承诺发生法律效力的意思表示，但撤回承诺的通知应当在承诺通知到达要约人之前或者与承诺通知同时到达要约人。

承诺生效后不可以撤销，因承诺一旦生效，合同即告成立。如果一定要撤销承诺，也只能通过解除合同、承担违约责任这样的途径来解决。受要约人超过承诺期限发出承诺的，为延迟承诺，除要约人及时通知受要约人该承诺有效外，应视为新要约，不发生承诺的法律效力。但受要约人在承诺期限内发出承诺，因送达等其他原因承诺到达要约人时超过承诺期限的，除要约人及时通知受要约人因承诺超过期限不接受该承诺的以外，该承诺有效。

订立合同的过程，往往要经过要约、反要约的多次往复，才能协商一致。最后订立合同。

（五）合同成立的时间和地点

1. 合同成立的时间

《合同法》针对当事人订立合同的不同形式，规定了确认合同成立的不同时间标准。当事人采用合同书形式订立合同的，自双方当事人签字或者盖章时合同成立，当事人用信件、数据电文等形式订立合同的，可以在合同成立之前要求签订确认书，合同在签订确认书时成立。

2. 合同成立的地点

《合同法》规定承诺生效的地点为合同成立的地点。采用数据电文形式订立合同的，收件人的主营业地为合同成立的地点；没有主营业地的，其经常居住地为合同成立的地点。当事人另有约定的，按照其约定。当事人采用合同书形式订立合同的，对方当事人签字或盖章的地点为合同成立的地点。如双方当事人未在同一地点签字或盖章，则以当事人最后一方签字或盖章的地点为合同成立的地点。

（六）订立合同应遵循的原则

1. 合法原则

首先订立合同的当事人必须合法，当事人订立合同，应当具有相应的民事权利能力和民事行为能力。其次，订立合同的形式和内容也必须符合法律规定。

2. 平等、自愿、公平的原则

合同当事人具有平等的法律地位，一方不得将自己的意志强加给另一方，当事人享有自愿订立合同的权利，不允许任何单位和个人非法干预。当事人各方在签订合同时，要照顾到各方的利益，公平地确定各方的权利和义务。

3. 诚实信用原则

诚实信用是社会主义市场经济活动最基本的要求，合同当事人应在诚实信用的基础上进行充分协商，反映各方的真实意志，才能使签订的合同得以履行，实现各方意愿。违背这一原则给对方造成损失的，应当承担赔偿责任。如假借订立合同，恶意进行磋商。或故意隐瞒与订立合同有关的重要事实或者提供虚假情况，以及其他违背诚实信用的行为，给对方造成损失都应负赔偿责任。

二、合同的效力

合同的效力即是合同的法律效力，是指已经成立的合同在法律上所具有的约束当事人各方乃至第三人的强制力。有效合同对当事人具有法律约束力，国家法律予以保护，无效合同不具有法律约束力。《合同法》就合同的效力问题规定了以下四种情况：

（一）合同的生效

依法成立的合同，自成立时生效。法律、行政法规规定应当办理批准、登记等手续生效的，办理批准、登记手续后合同生效。合同生效后，即在当事人之间产生法律效力，当事人应当依合同的规定享受权利和义务，同时对当事人以外的第三人产生法律约束力，任何单位和个人都不得侵犯当事人的合同权利，不得非法阻挠当事人履行义务。

当事人对合同的效力可以约定附条件，即附条件的合同。所附的条件必须是：双方当事人约定的，并且作为合同的一个条款列入合同中，而且应当是将来可能发生的合法的事实。这种合同生效与否以合同双方当事人在合同中约定的某种事实状态发生或不发生作为合同生效或不生效的限制条件。附生效条件的合同，自条件成就（也就是作为条件的事实）发生时生效；附解除条件的合同，自条件成就发生时失效，但不允许当事人为自己的利益不正当地阻止或者促成条件成就。当事人为自己的利益不正当地阻止条件成就的，视为条件不成就。不正当地促成条件成就的，视为条件不成就。

当事人对合同的效力可以约定附期限，即附期限的合同，附期限合同是指在合同中指明一定期限的到来作为合同生效或终止的限制条件。附生效期限的合同，自期限届至时生效。附终止期限的合同，自期限届满时生效。该期限可以是一个具体的日期，如某年某月某日；也可以是一个期间，如"合同成立之日起5个月"。

（二）无效合同

无效合同是指不具有法律效力，法律上不予承认和保护的合同。无效合同自成立时就不具有法律约束力，也不发生履行效力。无效合同由法院或仲裁机构确认。

根据我国《合同法》第二十五条之规定，有下列情形之一的，合同无效：一方以欺诈、胁迫的手段订立合同，损害国家利益；恶意串通，损害国家、集体或者第三人利益；以合法形式掩盖非法目的；损害社会公共利益；违反法律、行政法规的强制性规定。

此外，《合同法》还就免责条款的无效有专门规定，免责条款是指合同当事人在合同中规定的免除或限制一方或双方当事人未来责任的条款。通常对当事人自愿订立的免责条款，法律是不加干涉的。但如免责条款违反诚实信用原则、违背社会公共利益，法律上必须予以禁止。《合同法》中的规定是：造成对方人身伤害的；因故意或者重大过失造成对方财产损失的；这样的免责条款无效。如有的招工合同中规定："施工过程中造成的工伤事故由本人负责"，这就违反了法律、法规中有关劳动保护的规定，这个免责条款就是无效的。

无效合同又分为部分无效合同和全部无效合同两种。部分无效合同是指合同中的某些条款因违反法律规定而不具备法律效力，但不影响其他部分效力，而其他部分仍然有效。

（三）可变更或可撤销合同

可变更或可撤销的合同是指因存在法定事由，合同一方当事人可请求人民法院或仲裁机构变更或者撤销的合同。《合同法》规定，下列合同，当事人一方有权请求人民法院或仲裁机构变更或者撤销：其一，因重大误解订立的。所谓"重大误解"是指当事人对涉及合同后果的重要事项（如合同的性质、对方当事人、标的物的数量、质量、种类等）存在着认识上的显著缺陷，并违背真实意思表示订立合同，并因此而使误解者的利益受到较大损失或达不到订立合同的目的的行为；其二，在订立合同时显失公平的。显失公平是指一方当事人利用自己的优势或对方缺乏经验，在订立合同时致使双方的权利与义务严重不对等，明显违反公平、等价有偿原则的行为；其三，一方以欺诈、胁迫的手段或者乘人之危，使对方在违背真实意思的情况下订立的合同，受害方有权请求人民法院或者仲裁机构变更或者撤销。变更还是撤销由当事人决定，若当事人请求变更，则人民法院或仲裁机构不得撤销。若因欺诈、胁迫而订立的合同损害了国家利益，则为无效合同，而不再属于可变更或撤销的合同。

撤销权的行使是有时效和限制的。《合同法》规定，有下列情况之一的，撤销权消灭：其一，具有撤销权的当事人自知道或应该知道撤销事由之日起一年内没有行使撤销权。其二，具有撤销权的当事人知道撤销事由后明确的表示或者以自己的行为放弃撤销权。

可撤销的合同与无效合同不同。无效的合同因违法而自始至终没有法律约束力。可撤销的合同主要是订立合同时意思表示不真实的合同。在合同订立后，当事人的意思表示还可能改变，不一定非得撤销或变更，在被撤销之前仍是有效合同。在被撤销以后则没有了法律约束力。但并不影响合同中独立存在的有关解决争议方法的条款的效力。对因该合同取得的财产，应当予以返还，不能返还或没有必要返还的应折价补偿。有过错的一方应当赔偿对方因此所受到的损失，双方都有过错的，应当各自承担相应的责任。当事人恶意串通、损害国家、集体或者第三人的利益的，因此取得的财产归国家所有或者返还集体、第三人。

（四）效力待定合同

对于某些方面不符合合同生效的要件，但并不属于上述无效合同或可撤销合同，法律允许根据情况予以补救的合同，称之为效力待定合同。

第三节 合同的履行、担保和保全

一、合同的履行

合同的履行是指合同双方当事人按照合同的规定,全面正确地完成各自承担的义务和实现各自享受的权利,使双方当事人的合同目的得以实现的行为。合同履行是合同法律约束力的首要表现,是合同活动中的关键。合同履行是实现合同当事人目的的根本途径,是当事人订立合同所期望的直接目的。因此,在履行合同中当事人应当遵循诚实信用原则,根据合同的性质、目的和交易习惯履行通知、协议、保密等义务。不得因姓名、名称的变更或者法定代表人、负责人、承办人的变动而不履行合同义务。

(一)合同履行的原则

合同履行的原则,是指当事人在完成合同规定的义务的全过程中,必须共同遵守的普遍原则,不论哪一种类型的合同,在履行中必须执行。

1. 实际履行原则

实际履行是指当事人严格按照合同规定的标的来承担义务,不能用其他的标的代替。如买卖合同的出卖人交付合同规定的商品,而不能以其他的货物或货币来代替;又如运输合同的承运人不能以支付货币或商品来替代对旅客的运送。合同的标的是当事人在生产或生活中的特定要求,用其他标的代替,或者一方违约时以违约金、赔偿金来补偿对方在经济上的损失,都不能满足当事人的这种特定要求,所以,合同的实际履行,就是满足当事人的这种特定要求以实现当事人签订合同的直接目的。

2. 全面履行原则

全面履行原则,是指当事人除按照合同规定的标的履行外,还要按照合同规定的数量、质量、价款或者报酬、履行期限、履行地点、履行方式等全面完成应承担的义务。这是判定合同是否履行和是否违约的法律依据,是衡量合同履行程度和违约责任大小的尺度。其实际意义在于督促当事人全面履行合同规定的义务,满足当事人的要求,达到签订合同的目的。

3. 诚实信用原则

这一原则是订立合同时应遵循的,也是履行合同时必须遵守的。绝不允许在履行合同过程中弄虚作假、欺诈、蒙骗、见利忘义、不讲信用,甚至擅自撕毁合同等。

（二）合同履行的规则

1. 合同规定不明确时的履行规则

合同生效后，当事人就质量、价款或者报酬、履行地点等内容没有约定或约定不明确的，可以补充协议，以保证合同的正常履行；若不能达成补充协议的，按照合同有关条款或者交易习惯确定，以使合同能够顺利履行。若既不能达成补充协议，又不能按合同有关条款或交易习惯确定的，适用《合同法》的下列规定：

第一，质量要求不明确的按照国家标准、行业标准履行；没有国家标准、行业标准的按照通常标准或者符合合同目的的特定标准履行。

第二，价款或者报酬不明确的，按照订立合同时履行地的市场价格执行；政府定价或者政府指导价的，按照规定履行。

第三，履行地点不明确的，给付货币的，在接受货币一方所在地履行；交付不动产的，在不动产所在地履行；其他标的，在履行义务一方所在地履行。

第四，履行期限不明确的，债务人可以随时履行，债权人也可以随时要求履行，但应当给对方必要的准备时间。

第五，履行方式不明确的，按照有利于实现合同目的的方式履行。

第六，履行费用的负担不明确的，由履行义务一方负担。

2. 执行政府定价或者政府指导价的合同履行规则

执行政府定价或者政府指导价的，在合同的约定的交付期限内政府价格调整时，按照交付时的价格计价。逾期交付标的物的，遇价格上涨时，按照原价格执行；价格下降时按照新价格执行；逾期提取标的物或者逾期付款的，遇价格上涨时，按照新价格执行，价格下降时，按照原价格执行。

3. 涉及第三人的合同履行规则

在合同履行中，有时会涉及到第三人，为保障涉及第三人合同履行中各方当事人的正当权益，《合同法》规定，当事人约定由债务人向第三人履行债务的，债务人未向第三人履行债务或履行债务不符合约定的，应当由债务人向第三人承担违约责任。当事人约定由第三人向债权人履行债务的，第三人不履行债务或者履行债务不符合约定的，债务人应当向债权人承担违约责任。

（三）合同履行中的抗辩权

抗辩权是指在双务合同中，一方当事人在对方不履行或履行不符合约定时，依法对抗对方要求或否认对方权利主张的权利。抗辩权利的设置，使当事人在法定情况下可以对抗对方的请求权，使当事人拒绝履行的行为不构成违约，可以更好地维护当事人的合法权益。《合同法》中规定了三种抗辩权利：同时履行抗辩权、后履行抗辩权、不安抗辩权。

1. 同时履行抗辩权

同时履行抗辩权，是指双务合同的当事人应同时履行义务的，一方在对方没有履行前，有拒绝对方请求自己履行合同的权利。《合同法》规定，当事人互负债务，但当事人在合同中没有约定，法律上对此也没有明确的规定应由哪一方先履行义务的，应当同时履行。一方在对方履行之前有权拒绝其履行要求的，一方在对方履行债务不符合约定时，有权拒绝相应的履行的要求。

同时履行抗辩权只是暂时阻止对方当事人请求权的行使，而不是永久地终止合同。当对方当事人完全履行了合同义务，同时履行抗辩权即告消灭，主张抗辩权的当事人就应当履行自己的义务。当事人因行使同时履行抗辩权致使合同延迟履行的，延迟履行的责任由对方当事人承担。

2. 后履行抗辩权

后履行抗辩权，是指双务合同中应先履行义务的一方当事人未履行时，对方当事人有拒绝对方请求履行的权利。对此，《合同法》中规定，当事人互负债务，有先后履行顺序，先履行一方未履行的，后履行一方有权拒绝其履行要求。先履行一方履行债务不符合约定的，后履行一方有权拒绝其相应的履行要求。后履行抗辩权也不是永久性的，它的行使只是暂时阻止了当事人请求权的行使。先履行一方的当事人如果完全履行合同义务，则后履行抗辩权消灭，后履行当事人就应按照合同的约定履行自己的义务。

3. 不安抗辩权

不安抗辩权，又称先履行抗辩权，是指合同双方当事人中应先履行义务的一方当事人有确切证据证明对方当事人丧失或可能丧失履行债务能力时，在对方当事人未履行合同或提供担保之前，有暂时中止履行合同的权利。当事人行使不安抗辩权中止履行的，应当及时通知对方，以免给对方造成损害，也便于在对方接到通知后，提供相应的担保。对方提供适当担保后，应当恢复履行。中止履行后，对方在合理期限内未恢复履行能力并且未提供适当担保的，中止履行的一方可以解除合同。当事人没有确切证据中止履行的，应当承担违约责任。

（四）合同的中止履行

所谓中止履行合同，指的是合同一方当事人在订立合同之后，尚未履行或尚未完全履行时，暂时停止履行自己承担的合同义务的单方面法律行为。中止合同履行与终止履行合同是有原则区别的：中止履行合同，只是暂时停止履行合同，而终止履行合同则是终止、了结当事人之间的权利和义务关系。按《合同法》的规定，中止履行合同必须具备两个条件：一是必须有确切证据，能证明对方不能履行合同。只有掌握并能提供确切证据，才能中止履行合同，否则，中止履行合同的一方要承担违约责任；二是应即通知另一方，即掌握了确切证据之后，应当立即通知另一方，以便对方及时提供担保。

应当先履行债务的当事人，有确切证据证明对方当事人有下列情形之一的，可以中止履行：经营状况严重恶化；转移财产、抽逃资金，以逃避债务；丧失商业信誉；有丧失或者可能丧失履行债务能力的其他情形。

中止履行合同可能产生两种结果：一是对方提供了履行合同的充分保证，例如银行出具了履约保证书或者当事人提供了抵押，中止履行合同的一方应当继续履行合同；二是对方不能提供继续履行合同的充分保证，中止合同的一方可以解除合同或采取其他的补救措施。

二、合同的担保

合同的担保，是指法律规定或者当事人约定的确保合同履行、保障债权人利益实现的法律措施。担保活动应当遵循平等、自愿、公平、诚实信用的原则，以维护参加担保各方当事人的合法权益。合同的担保，一般在订立合同的同时成立，既可以是单独订立的书面合同，包括按当事人之间具有担保性质的信函、传真等，也可以是主合同中的担保条款。担保合同是主合同的从合同，主合同无效，担保合同也无效。担保合同另有约定的，按照约定。

根据《中华人民共和国担保法》(以下简称《担保法》)的规定，在借贷、买卖、货物运输、加工承揽等经济活动中，债权人需要以担保方式保障其债权实现的，可以设定保证、抵押、质押、留置和定金5种方式的担保。

（一）保证

保证是指第三人以自身的信誉和财产为债务人履行作担保，由保证人和债务人约定，当债务人不履行债务时，保证人按照约定，履行债务或者承担责任的行为。

1. 保证人的资格

按照《担保法》的规定，保证人必须是有代为清偿能力的法人、其他组织或者公民。国家机关、学校、幼儿园、医院等以公益为目的的行政事业单位、社会团体，企业法人的分支机构、职能部门都不得作保证人。但是，经国务院批准为使用外国政府或者国际经济组织贷款进行转贷的情况下，国家机关可以作保证人；企业法人的分支机构有法人书面授权的，可以在授权范围内提供保证。

2. 保证内容

保证的内容，应当由保证人与债务人在以书面形式订立的保证合同中加以确定，具体包括：被保证的主债权（即主合同债权）种类、数额；债务人履行债务的期限；保证的方式；保证担保的范围；保证的期间以及双方认为需要约定的其他事项。保证合同不完全具备以上规定内容的，可以补正担保的范围包括主债权及利息、违约金、损害赔偿金和实现债权的费用。

3. 保证方式

（1）一般保证　又称补充责任保证，凡当事人在保证合同中的约定，在债务人不能履行债务时，才由保证人承担保证责任的，为一般保证。一般保证的保证人对债权人享有先诉抗辩权，即在主合同纠纷未经审判或者仲裁，并就债务人财产依法强制执行仍不能履行债务前，对债权人可以拒绝承担保证责任。但若有下列情形之一的，保证人不得行使先诉抗辩权：债务人住所变更，致使债权人要求其履行债务发生重大困难的；人民法院受理债务人破产案件，中止执行程序的；保证人以书面形式放弃先诉抗辩权的。

（2）连带责任保证　当事人在保证合同中约定保证人与债务人对债务承担连带责任的，为连带责任保证。只要债务人在主合同规定的债务履行期届时没有履行债务的，债权人可以直接要求保证人在其保证范围内承担保证责任。当事人对保证方式没有约定或约定不明确的，按照连带责任保证承担责任。

由于主合同当事人双方串通，骗取保证人提供保证的，或者主合同债务人采取欺诈、胁迫等手段，使保证人在违背真实意思的情况下提供保证的，保证人不承担民事责任。

（二）抵押

1. 抵押

抵押是指债务人或者第三人不转移其确定的财产人占有，而以该特定财产向债权人保证履行合同义务的担保形式。该债务人或第三人为抵押人，债权人为抵押权人，提供担保的财产为抵押物。抵押人不履行合同时，抵押权人有权依照法律规定，以该财产折价或者以拍卖、变卖该财产的价款优先受偿。抵押物价款不足以偿付应当清偿的数额的，抵押权人有权向负有清偿义务的一方要求偿付不足部分，如有剩余，则应归还抵押人。

2. 抵押物

抵押物即抵押财产，必须是法律允许流通和允许强制执行的财产。根据《担保法》的规定，可以用于抵押的财产有：抵押人所有的房屋和其他地上定着物以及机器、交通运输工具和其他财产；抵押人依法有权处分的国有土地使用权、房屋和其他地上定着物以及国有的机器、交通运输工具和其他财产；抵押人依法承包并经发包方同意抵押的荒山、荒沟、荒丘、荒滩等荒地的土地使用权；依法可以抵押的其他财产。

不得用于抵押的财产有：土地所有权；耕地、宅基地、自留地、自留山等集体所有的土地使用权；学校、幼儿园、医院等以公益为目的的事业单位、社会团体的教育设施、医疗卫生设施和其他社会公益设施；所有权、使用权不明或者有争议的财产；依法被查封、扣押、监管的财产；依法不得抵押的其他财产。

3. 抵押物的登记

当事人以法律规定的特定财产抵押，应当办理抵押物登记，抵押合同自登记之日起生效。以其他财产抵押的，可以自愿办理抵押物登记，抵押合同自签订之日起生效。不同的抵押物，办理登记的部门不同。不论向哪个部门办理登记，当事人应当提供主合同和抵押合同、抵押物的所有权或者使用权证书。

4. 抵押合同的内容

抵押合同应当以书面形式订立。抵押合同包括以下内容：

被担保的主债权种类、数额；债务人履行债务的期限；抵押物的名称、数量、质量、状况、所在地、所有权权属或者使用权权属；抵押担保的范围，抵押担保的范围包括主债权及利息、违约金、损害赔偿金和实现抵押权的费用。抵押合同另有约定的，按照约定；当事人认为需要约定的其他事项。

（三）质押

1. 质押

质押是债务人或第三人将财产或权利交债权人占有，以此来向债权人保证履行合同义务的担保形式。当债务人不履行债务时，债权人有权依法以该财产折价或者以拍卖、变卖该财产的价款优先受偿。提供财产或权利的债务人或第三人为出质人，接受并占有财产的债权人为质权人，移交的财产为质物。以质物变价所得价款优先受偿的权利为质权。

2. 质押的分类

质押分为动产质押与权利质押。出质人以动产出质的为动产质押；出质人以权利出质的为权利质押。根据我国《担保法》第七十五条的规定，下列权利可以质押：汇票、支票、本票、债券、存款单、仓单、提单；依法可以转让的股份、股票；依法可以转让的商标专用权、专利权、著作权中的财产权；依法可以质押的其他权利。

3. 质押合同

出质人和质权人应当以书面形式订立质押合同。质押合同的内容应包括：被担保的主债权种类、数额；债务人履行债务的期限；质物的名称、数量、质量、状况；质押担保的范围；质物移交的时间；当事人认为需要约定的其他事项。

出质人和质权人在合同中不得约定在债务履行期届满质权人未受清偿时，质物的所有权转移为质权人所有；质押担保的范围包括债权及利息、违约金、损害赔偿金、质物保管费用和实现质权的费用。质押合同另有约定除外；质权人负有妥善保管质物的义务。因保管不善致使质物灭失或者毁损的，质权人应当承担民事赔偿责任；质物因非保管原因而损坏或者价值明显减少，足以危害质权人权利的，质权人可以要求出质人提供相应的担保；债务人如期履行债务或出质人提前清偿所担保的债权的，质权人应当返还质物；债务履行期届满质权人未受清偿的，可以与出质人协议以质物折价，也可以依法拍卖、变卖质物，质物折价或者拍卖、变卖后，其价款超过债权数额的部分归出质人所有，不足部分由债务人清偿。为债务人质押担保的第三人，在质权人实现质权后，有权向债务人追偿；质权因质物灭失而消灭。因灭失所得的赔偿金应当作为出质财产。

质押合同自质物移交于质权人占有时生效，但由于质押的权利不同，生效的时间也有不同的界定。以汇票、支票、本票、债券、存款单、仓单、提单出质的，质押合同自权利凭证交付之日起生效；以依法可以转让的股票出质的，应当向证券登记机构办理出质登记，质押合同自登记之日起生效；以有限责任公司的股份出质的，适用公司法股份转让的有关规定，质押合同自股份出质记载于股东名册之日起生效；以依法可以转让的商标专用权、专利权、著作权中的财产权出质的，应向其有关管理部门办理出质登记，质押合同自登记之日起生效。

（四）留置

留置是债权人按照合同约定占有债务人的动产，债务人不按合同约定的期限履行债务的，债权人有权依照法律规定留置该财产。债权人留置财产后，双方应当在合同中约定债务人应当在不少于2个月的期限内履行债务。双方在合同中未约定的，应当确定2个月以上的期限，通知债务人在该期限内履行债务。债务人逾期仍不履行的，债权人可以与债务人协议以留置物折价，也可以依法拍卖、变卖留置物，其价款超过债权数额的部分归债务人所有，不足部分由债务人清偿。

设立留置必须具备以下几个要求：其一，债务清偿期限已到；其二，债权人占有债务人的动产；其三，留置的财产与债权人的债权有牵连关系，是依照合同约定进行的。随意强占债务人的财产，不能构成留置权。

按照我国《担保法》的规定，因保管合同、运输合同、承揽合同以及法律规定可以留置的其他合同产生债权，债务人不履行债务的，债权人有留置权。如定做人未向承揽人支付报酬或者材料费等价款的，承揽人对完工的工作成果享有留置权；寄存人未按照规定支付保险费以及其他费用的，保管人对保管物享有留置权。

（五）定金

定金是由合同一方当事人预先向对方当事人交付一定数额的货币，以保证债权实现的担保方式。债务人履行债务后定金可抵作价款或者收回。给付定金的一方不履行约定的债务的，无权要求返还定金；收受定金的一方不履行约定的债务的，应当双倍返还定金。这样当事人为避免受定金制裁，从经济利益考虑，也能促使自己认真履行债务，体现了定金的担保作用。定金虽然在合同履行完毕后可抵作价款，也具有预先给付的性质，起了预付款的作用，但它与预付款不同，根本的区别在于预付款没有担保作用。

定金应当以书面形式约定并签订定金合同。定金合同中应当约定交付定金的期限及定金的数额，但定金的数额不得超过主合同标的额的百分之20%。

三、合同的保全

合同的保全，也就是合同履行的保全，是指法律为防止因债务人的财产不当减少而给债权人的债权带来危害，允许债权人为保全其债权的实现而采取的措施。保全措施包括代位权和撤销权两种。

（一）代位权

代位权是指因债务人怠于行使其到期债权而危及债权人利益或对债权人造成损害时，债权人可以向人民法院请求以自己的名义代为行使债务人的债权。但该债务人的债权专属于债务人自身的除外。代位权的行使范围以债权人的债权为限。债权人行使代位权的必要费用，由债务人承担。

代位权的行使必须具有四个条件：第一，债务人对第三人享有到期债权，并且非专属于债务人自身的权利。该债权如果专属于债务人自身的，例如署名权等等，则不得成为代位权的标的；当然，如果债务人没有对外的债权，也就无所谓代位权。第二，债务人怠于行使其权利；如果债务人已经行使了权利，即使不尽如意，债权人也不能行使代位权；第三，因债务人怠于行使自己的权利及债权人的债权；第四，债务人与债权人的合同关系已到期，债务人已陷入延迟履行。

代位权的运用对象是债务人的消极行为，即债务人危及债权人利益的怠于行使权力的行为。债权人行使代位权,虽以自己的名义进行,但只能要求第三人向债务人履行债务,不能要求债务人向自己履行债务,其债权就代位权行使的结果也无优先受偿权利。

(二) 撤销权

撤销权是指因债务人放弃到期债权或者无偿转让财产,对债权人造成损害的,或者债务人以明显不合理的低价转让财产,对债权人造成损害,并且受让人知道该情形的,债权人可以请求人民法院撤销债务人的行为的权利。

引起撤销权发生的要件是债务人有损害债权人债权的行为,主要指债务人以赠与、免除等无偿行为处分债权或以明显不合理的低价有偿转让财产。无偿行为不论第三人善意、恶意取得,均可撤销;有偿转让行为,以第三人的恶意取得为要件,若第三人主观上无恶意,则不得撤销其善意取得的行为。

撤销权的适用对象是债务人的积极行为,撤销权行使的结果是恢复债务人的财产与权利,债权人就撤销权行使的结果无优先受偿权利。

撤销权自债权人知道或者应当知道撤销事由之日起 1 年内行使。自债务人的行为发生之日起 5 年内没有行使撤销权的,该撤销权利消灭。债务人、第三人行为被撤销的,其行为自始无效。

以上两种权利的行使范围均以债权人的债权为限,债权人行使这两种权利的必要费用,也都由债务人负担。

第四节 合同的变更、转让和终止

一、合同的变更

合同依法成立后即具有法律约束力,当事人各方都必须严格履行,任何一方都不得擅自变更或解除合同。但是,在合同的履行过程中,由于主客观情况的变化,需要对双方的权利义务关系重新进行调整和规定时,合同当事人可以依法变更合同。

(一) 合同的变更

合同的变更,是指合同成立后没有履行或者没有完全履行之前,合同当事人对合同条款的修改、减少或者增加,即合同的主体不改变的前提下合同内容的变化。合同中变更的内容主要包括:标的种类的变更;标的物品质规格的变更;标的数量的变更;标的价格的变更;履行地、履行期限、履行方式的变更;清算方式的变更;所附条件的增加或者删除;合同违约金和担保的变更；合同性质的变更，如买卖合同变为租赁合同，等等。合同变更的内容应该明确，否则，按《合同法》的规定，应推定合同未变更，当事人仍按原合同履行。

（二）变更合同的效力

合同变更后，当事人应当按照变更后的合同履行。合同的变更，仅对变更后未履行的部分有效，对已履行的部分无溯及力。因合同的变更而使一方当事人遭受损失的，除依法可以免除责任的以外，应由责任方赔偿损失。

二、合同的转让

（一）合同转让的概念

合同的转让是指合同内容和标的不变，享受权利和承担义务的主体变更，即合同的当事人改变。合同转让与合同变更的根本区别在于：合同的转让不产生新的权利和义务。

合同的转让，可以是协议转让或者法定转让。协议转让是当事人以协议的方式全部或部分地将权利（或债务）转让（或转移）给第三人。合同的法定转让是直接根据法律的规定而发生的合同主体的变更。但应按照规定办理批准或登记等手续。

这里转让权利的人称之让与人，受让权利的人称之为受让人。

（二）合同转让的种类

1. 合同权利的转让

合同权利的转让，是指债权人可以将合同的权利全部或者部分转让给第三人。但有下列情形之一的，合同的权利不得转让：根据合同性质不得转让；按照当事人约定不得转让；依照法律规定不得转让。

债权人转让权利不需要经债务人同意，但应当通知债务人，未经通知，该转让对债务人不发生效力。除经受让人同意，债权人转让权利的通知不得撤销。债权人转让权利不得损害债务人的利益，不应影响债务人的权利。

债权人既可以转让全部权利，也可以转让部分权利。转让全部权利的，转让协议生效后，让与人不再是债权人，受让人则成为新的债权人；转让部分权利的，转让协议生效后，让与人与受让人都是债权人，他们按照转让协议的约定各自按照一定份额享受权利；若协议中没有约定各自的份额或者约定的份额不明确，则应推定其为连带债权人，享受连带权利。

2. 合同义务的转移

经债权人同意，债务人可将合同的义务全部或部分转让给第三人。因为义务由谁承担和履行，直接关系到债权人的权利有无保障。所以，债务转移协议经债权人同意才能生效，未经债权人同意的债务转移协议无效。

合同义务转移，可以转移全部义务，也可以转移部分义务。转移全部义务的，转移协议生效后，受让人成为新债务人，承担合同的全部义务，原债务人退出合同关系，不再是债务人。转移部分义务的，转移协议生效后，原债务人和受让人一并为合同债务人，他们各自按照转移协议约定的份额承担债务；若转移协议中没有约定各债务人的份额或者约定不明确，则原债务人和新债务人共同承担连带债务。

3. 合同权利义务的一并转让

合同权利义务一并转让是指当事人一方经对方同意，将自己在合同中的权利和义务一并转让给第三人。权利和义务的一并转让除征得对方同意外，还应遵守以下规定：不得转让法律禁止转让的权利；转让权利和义务的同时，从权利和从债务一并转让，受让人取得与债权有关的从权利和从债务，但该从权利和从债务专属于让与人自身的除外；转让合同权利和义务不影响债务人抗辩权的行使；债务人对让与人享有债权的，可以依照有关规定向受让人主张抵销；法律、行政法规规定应当办理批准、登记手续的，应当依照其规定办理。

（三）订立合同后合并、分立的法律效力

根据《合同法》第十九条的规定，当事人订立合同后合并的，由合并后的法人和其他组织行使合同权利，履行合同义务。当事人订立合同后分立的，除债权人和债务人另有约定的以外，由分立的法人或者其他组织对合同的权利和义务享有连带责任，承担连带债务。

三、合同的权利义务终止

（一）合同的权利义务终止的概念

合同的权利义务终止是指依法生效的合同，因具备法定情形和当事人约定的情形，合同债权、债务归于消灭，债权人不再享有合同权利，债权人也不必再履行合同义务，合同当事人双方终止合同关系，合同的效力随之消灭。

（二）合同权利义务终止的具体情形

根据《合同法》规定，有下列情形之一的，合同的权利义务终止：

1. 债务已经按照约定履行

债务已经按照约定履行是指债务人按照约定的标的、质量、数量、价款或报酬、履行地点和方式全面履行。以下情况也属于合同按照约定履行：当事人约定的第三人按照合同内容履行；债权人同意以他种给付代替合同原定给付；当事人之外的第三人接受履行。

2. 合同的解除

合同的解除是指合同有效成立后，当具备法律规定的合同解除条件时，因当事人一方或双方的意思表示而使合同关系归于消灭的行为。合同解除有约定解除作法定解除两种情况。

（1）约定解除　根据合同自愿原则，当事人在法律规定范围内享有自愿解除合同的权利。当事人约定解除合同包括协商解除权和约定解除权两种情况。协商解除权是指合同生效后，未履行或未完全履行之前，当事人以解除合同为目的，经协商一致，订立一个解除原来合同的协议。由于协商解除是双方的法律行为，应当遵循合同订立的程序，即双方当事人应当对解除合同意思表示一致。协议未达成之前，原合同仍然有效。约定解除权是指当事人在合同中约定，合同发行过程中出现某种情况，当事人一方或双方有解除合同的权利。解除权可以在订立合同时约定，也可以在履行合同的过程中约定，可以约定一方解除合同的权利，也可以约定双方解除合同的权利。行使约定的解除权应当以该合同为基础。根据法律规定必须经有关部门批准才能解除的合同，当事人不得按照约定擅自解除。

（2）法定解除　法定解除是指在合同成立后，没有履行或没有完全履行完毕之前，当事人在法律规定的解除条件出现时，行使解除权而使合同关系消灭。

《合同法》规定：有下列情形之一的，当事人可以解除合同：因不可抗力致使不能实现合同目的；在履行期限届满之前，当事人一方明确表示或者以自己的行为表明不履行主要债务；当事人一方延迟履行主要债务，经催告后在合理期限内仍未履行；当事人一方迟延履行债务或者有其他违约行为不能实现合同目的；法律规定的其他情形。

不可抗力是指不能预见、不能避免并不能克服的客观情况。属于不可抗力的情况有：自然灾害、战争、社会异常事件、政府行为。只有不可抗力致使合同目的不能实现时，当事人才可以解除合同。因预期违约解除合同，指在合同履行届满之前，当事人一方明确表示或以自己的行为表明不履行主要债务的，对方当事人可以解除合同。迟延履行指债务人无正当理由，在合同约定的履行期间届满，未履行合同债务，在债权人提出履行的催告后仍未履行。如果当事人一方迟延履行主要债务，经催告后在合理期限内仍未履行的，对方当事人可以解除合同。

当事人一方主张解除合同时，应当通知对方。合同自通知到达对方时解除。对方有异议的，可以请求人民法院或者仲裁机构确认解除合同的效力。

合同解除后尚未履行的，终止履行；已经履行的，根据履行情况和合同性质，当事人可以要求恢复原状、采取其他补救措施，并有权要求赔偿损失。合同的权利义务终止，不影响合同中结算和清理条款的效力。

3. 债务相互抵销

此外，债务相互抵销、债务人依法将标的物提存、债权人依法免除债务、债权债务回归一人等情形出现时，合同的权利义务也将终止。

第五节 合同违约责任和合同纠纷的解决

一、违约责任

违约责任，是指合同当事人一方或者双方不履行合同义务或者履行合同义务不符合约定时，依照法律和合同的规定所应承担的民事责任。这是合同法律效力的体现，是国家强制当事人严格遵守合同义务的重要措施，对于保护当事人的合法权益，维护社会主义市场经济秩序具有重要意义。

《合同法》规定，当事人一方不履行合同义务或者履行合同义务不符合约定的，应当承担继续履行、采取补救措施或者赔偿损失等违约责任。当事人双方都违反合同的，应当各自承担相应的责任。当事人一方因第三人的原因造成违约的，应当向对方承担违约责任。当事人一方和第三人之间的纠纷，依照法律规定或者按照约定解决。

（一）违约责任的构成要件

违约责任的构成要件分为一般构成要件和特殊构成要件。一般构成要件是指违约当事人承担任何形式的违约责任都应具备的条件，包括违约行为和过错。特殊构成要件是指违约当事人承担特定形式的违约责任应具备的条件，如承担赔偿损失责任，要件应包括违约行为、过错、损害事实、违约行为与损害事实之间的因果关系 4 项。《合同法》中对各种形式的违约责任应具备的要件有相应的规定。

违约责任的归责原则有两项，即过错责任原则和无过错责任原则。过错责任原则以过错的存在作为追究违约责任的要件。对过错的存在采取两种方式确认，其一是适用"谁主张，谁举证"的原则，由债权人举证证明债务人存在过错；其二是在特定情况下适用"举证责任倒置"的原则，债务人须举证证明自己不存在过错。无过错责任原则追究违约责任不以过错的存在为要件，适用于法律规定的特殊情况。

（二）违约责任的承担

违约的当事人承担违约责任的主要形式有继续履行，采取补救措施，赔偿损失，支付违约金，给付或者双倍返还定金等。

1. 继续履行

继续履行，又称实际履行，是指债权人在债务人不履行合同义务时，可请求人民法院或者仲裁机构强制债务人实际履行合同义务。

《合同法》规定，当事人一方未支付价款或者报酬的、不履行非金钱债务或者履行非金钱债务不符合约定的，对方可以要求履行。但有下列情形之一的不得要求继续履行：法律上或者事实上不能履行；债务的标的不适于强制履行或者履行费用过高；债权人在合理的期限内未要求履行。

2. 采取补救措施

当事人违约，应采取合理的补救措施，以减少对方的损失。如根据我国《合同法》的规定，质量不符合约定的，应当按照当事人的约定承担违约责任，对违约责任没有约定或者约定不明确，依法仍不能确定的，受损害方根据标的的性质以及损失的大小，可以合理地选择要求双方承担修理、更换、重作、退货、减少价款或者报酬等违约责任。

3. 赔偿损失

合同当事人一方违约给对方造成损失，在没有约定违约金或违约金不足以弥补损失时，还应当赔偿损失。按我国《合同法》规定，当事人一方不履行合同义务或者履行合同义务不符合约定的，在履行义务或者采取补救措施后，对方还有其他损失的，应当赔偿损失。损失赔偿额应相当于因违约所造成的损失，包括合同履行后可以获得的利益，但不得超过违反合同一方订立合同时预见到或者应当预见到的因违反合同可能造成的损失。

当事人一方违约后，对方应当采取适当措施防止损失的扩大；没有采取适当措施致使损失扩大的，不得就扩大的损失要求赔偿。当事人因防止损失扩大而支出的合理费用，由违约方承担。

4. 支付违约金

违约金，是指当事人约定，一方违约时，应向对方支付一定数额的货币。根据我国《合同法》的规定，当事人可以约定一方违约时应当根据违约情况向对方支付一定数额的违约金，也可以约定因违约产生的损失赔偿额的计算方法。

约定的违约金低于造成的损失时，当事人可以请求人民法院或者仲裁机构予以追加；约定违约金过分高于造成的损失的，当事人可以请求人民法院或者仲裁机构予以适当减少。

当事人就延迟履行约定违约金，违约方支付违约金后，还应当履行债务。

5. 给付或者双倍返还定金

定金是合同当事人一方为了担保合同的履行而预先向对方支付一定数额的金钱。当事人可以依照《担保法》约定一方向对方给付定金作为债权的担保。债务人履行债务后，定金应当抵作价款或者收回。给付定金的一方不履行约定债务的，无权要求返还定金；收受定金的一方不履行约定的债务的，应当双倍返还定金。

当事人既约定违约金，又约定定金的，一方违约时，双方可以选择适用违约金或者定金条款，但由于二者在目的、性质、功能等方面具有共性而不能并用。

（三）**违约责任的免除**

违约责任的免除，是指没有履行或没有完全履行合同义务的当事人，依法可以不承担违约责任。《合同法》规定："因不可抗力不能履行合同的，根据不可抗力的影响，部分或全部免除责任，但法律另有规定的除外。"所谓不可抗力，是指不能预见不能避免并不能克服的客观情况。当事人迟延履行后发生不可抗力的，不能免除责任。当事人一方因不可抗力不能履行合同的，应当及时通知对方，以减轻可能给对方造成的损失，并应当在合理的期限内提供证明。

二、合同纠纷的解决

合同在履行过程中，可能会产生各种各样的纠纷，可以通过以下一些有效的方式解决。

（一）**自行协商**

合同纠纷发生后，当事人可以在自愿互谅的基础上，按照法律、行政法规的规定，自行协商解决。这种方法简便及时，有利于团结，也易于执行。

（二）**调解**

合同纠纷发生后，在双方自愿的基础上，可以请双方当事人共同信任的第三人进行调解，第三人应实事求是、公正合理地调解，以使双方达成合法的协议。第三人可以是有关部门或律师，也可以是其他单位或个人。

（三）**仲裁**

当事人不愿通过协商、调解解决纠纷，或者协商调解不成的，可以依据合同中的仲裁条款或事后达成的书面仲裁协议，向仲裁机构申请仲裁。仲裁是指合同纠纷的各方当事人共同选定的仲裁机构对纠纷依法定程序做出具有约束力的裁决。

(四) 诉讼

当事人没有在合同中订立仲裁条款，事后又没有达成书面仲裁协议的，可以向人民法院提起诉讼。诉讼是指国家审判机关即人民法院依照法律规定，在当事人和其他诉讼参与人的参加下，依法解决合同纠纷的活动。

第六节 主要合同

一、买卖合同

买卖合同是买卖双方协商签订的，由卖方向买方转移标的物的所有权，买方支付价款的合同。卖方，转移标的物的所有权，也即出卖人；买方，接受所有权并支付价款，也即买受人，买卖合同是社会经济生活中最常见的一类合同。

买卖合同的当事人由享有平等主体地位的出卖人和买受人双方组成。双方都是享有平等法律地位的民事主体，包括自然人、法人和其他组织。需要指出的是，这里的买卖双方既可以都是中国的自然人、法人或其他组织，也可以有一方是外国的自然人、无国籍的自然人或者外国的法人、其他组织。

买卖合同是双务有偿合同。买卖双方订立合同的目的十分清楚，都是为了获取各自想要得到的经济利益，出卖人获取价款，向买受人转移标的物的所有权，买受人为获取该标的物的所有权，向出卖人支付相应的价款。买卖双方既享有合同权利，又承担相应的合同义务，一方的义务正是另一方的权利，体现了平等互利、等价有偿的公平交易原则。这也是买卖合同与单务的、无偿的赠与合同的质的区别。

买卖合同也是诺成合同。买卖合同双方当事人就合同的标的、数量、质量、价款履行期限和地点、履行方式、违约责任、解决争议的方法及对包装方式或检验标准和方法、结算方式等内容协商一致，合同即告成立。而不以标的物的实际交付为成立条件。至于当事人是否实际交付标的物、价款等，决定着当事人是否应承担违约责任，但并不影响买卖合同的成立。这是买卖合同区别于运输合同、保管合同、仓储合同及一般赠与合同的一个显著特征。

二、供用电、水、气、热力合同

供电合同是供电人向用电人供电、用电人支付电费的合同。供电合同的内容包括供电的方式、质量、时间、用电容量、地址、性质、计量方式、电价、电费的结算方式、供电设施的维护责任等条款。

供用电合同的履行地点,按照当事人约定;当事人没有约定或者约定不明确的,供电设施的产权分界处为履行地点。

供电人应当按照国家规定的供电质量标准和约定安全供电;否则造成用电人损失的,应当承担损害赔偿责任。供电人因供电设施计划检修、临时检修、依法限电或者用电人违法用电等原因,需要中断供电时,应当按照国家有关规定事先通知用电人。未事先通知用电人中断供电,造成用电人损失的,应当承担损害赔偿责任。因自然灾害等原因断电,供电人应当按照国家有关规定及时抢修;未及时抢修,造成用电人损失的,应当承担损害赔偿责任。

用电人应当按照国家有关规定和当事人的约定及时交付电费。用电人逾期不交付电费的,应当按照约定支付违约金。经催告用电人在合理期限内仍不支付电费和违约金的,供电人可以按照国家规定的程序中止供电。用电人交付电费和违约金后,供电人应当及时恢复供电。用电人应当按照国家有关规定和当事人的约定安全用电。用电人未按照国家有关规定和当事人的约定安全用电,造成供电人损失的,应当承担损害赔偿责任。

供用水、供用气、供用热力合同,参照适用供用电合同的有关规定。

三、借 款 合 同

借款合同又称借贷合同,是借款人向贷款人借款,到期返还借款并支付利息的合同。按照贷款人的身份可以将借款合同分为银行借款合同和民间借款合同。银行借款合同的贷款人只能是银行或者经依法批准的其他金融机构。民间借款合同的贷与方主要是自然人。借款合同采用书面形式,但自然人之间借款另有约定的除外。借款合同的内容包括借款种类、币种、用途、数额、利率、期限和还款方式等条款。订立借款合同,贷款人可以要求借款人依照《担保法》的规定,提供担保。

四、赠与合同

赠与合同是赠与人将自己的财产无偿给予受赠人,受赠人表示接受赠与的合同。

赠与合同是一种双方法律行为,只要双方当事人就赠与财产的无偿给予达成合议,合同即告成立。至于受赠人可以是成年人、未成年人、限制行为能力人或完全无行为能力人;赠与合同是单务合同,在赠与合同中合同的义务主要表现为赠与人一方的义务。因此,赠与合同中的赠与人不能行使同时履行抗辩权和不安抗辩权;赠与合同是无偿合同。因为赠与人一方只为给付而不能取得对价,受赠人一方接受赠与财产而不支付对价;赠与财产只能是赠与人享有所有权的财产。如果赠与财产属于他人所有,那么赠与人是无权处分的,赠与合同因此无效。

五、租赁合同

租赁合同是出租人将租赁物交付承租人使用、收益,承租人支付租金的合同。租赁合同的内容包括租赁物的名称、数量、用途、租赁期限、租金及其支付期限、方式、租赁物维修等条款。

租赁合同是双务合同、有偿合同、诺成合同;租赁合同是转移租赁物用益权的合同;租赁合同是承租人支付租金的合同;租赁合同具有期限性,租赁期限不得超过20年;租赁合同终止后,承租人应返还原物。

租赁合同生效后,出租人应当按照约定将租赁物交付出租人,并在租赁期间履行租赁物的维修义务,保持租赁物符合约定的用途。

承租人应当按照约定的方法或按照租赁物的性质使用租赁物,并应当妥善保管租赁物,如因保管不善造成租赁物毁损、灭失的,应当承担损害赔偿责任。承租人还应当按照约定的期限支付租金。

六、融资租赁合同

融资租赁合同是出租人根据承租人对出卖人、租赁物的选择,向出卖人购买租赁物、提供给承租人使用,承租人支付租金的合同。融资租赁合同的内容包括租赁物名称、数量、规格、技术性能、检验方法、租赁期限、租金构成及其支付期限和方式、币种、租赁期间届满租赁物的归属等条款。融资租赁合同应当采用书面形式。融资租赁合同的租金除当事人另有约定的以外，应当根据购买租赁物的大部分或者全部成本以及出租人的合理利润确定。

融资租赁合同生效后，出租人根据承租人对出卖人、租赁物的选择订立的买卖合同，出卖人应当按照约定向承租人交付标的物，承租人享有与受领标的物有关的买受人的权利。出租人应当保证承租人对租赁物的占有和使用。出租人享有租赁物的所有权。承租人破产的、租赁物不属于破产财产，出租人和承租人也可以约定租赁期间届满租赁物的归属。

承租人应当妥善保管、使用租赁物，履行占有租赁物期间的维修义务，按照约定支付租金。

七、其他合同

（一）承揽合同

承揽合同是承揽人按照定做人的要求完成工作，交付工作成果，定做人给付报酬的合同。承揽包括加工、定做、修理、复制、测试、检验等工作。

（二）建设工程合同

建设工程合同是承包人进行工程建设，发包人支付价款的合同。建设工程包括工程勘察、设计、施工合同。

（三）运输合同

运输合同是承运人将旅客或者货物从起运地点运输到约定地点，旅客、托运人或者收货人支付票款或者运输费用的合同。

（四）技术合同

技术合同是当事人就技术开发、转让、咨询或者服务订立的确立相互之间权利和义务的合同。

（五）保管合同

保管合同是保管人保管寄存人交付的保管物，并返还该物的合同。

（六）仓储合同

仓储合同是保管人储存存货人交付的仓储物，存货人支付仓储费的合同。

（七）委托合同

委托合同是委托人和受托人约定，由受托人处理委托人事物的合同。

（八）行纪合同

行纪合同是行纪人以自己的名义为委托人从事贸易活动，委托人支付报酬的合同。

（九）居间合同

居间合同是居间人向委托人报告订立合同的机会或者提供订立合同的媒介服务，委托人支付报酬的合同。

复习思考题

一、问答题

1. 解释下列概念：
合同　要约　承诺　合同的效力　合同的履行　合同的担保　违约责任
2. 简述《合同法》的基本原则。
3. 合同一般应包括哪些条款？
4. 《合同法》对无效合同、可变更和可撤销合同是如何规定的？
5. 何为抗辩权？《合同法》中规定了哪几种抗辩权？
6. 简述合同的担保方式。
7. 简述违约责任的构成要件和承担方式。
8. 合同纠纷解决的方式有哪些？

二、案例分析题

1. 某园林绿化公司，承揽了一项绿化工程，急需绿化草籽，于是向甲、乙两家种苗公司发出函电，函电中称："我公司意需草籽，如贵公司有货，请速来函来电，我公司愿派人前去购买。"甲、乙两公司收到函电后，都先后向绿化公司回复了函电，告知他们备有现货且说明了该草籽的价格。而甲公司在发出函电的同时，派车给绿化公司送去500kg草籽。在该批货送过之前，绿化公司得知乙公司的草籽质量好，而且价格合理。因此，向乙公司致电，称："我公司愿意购买贵公司的500kg草籽，望速发货，运费由我公司承担。"在发出函电后的第二天上午，乙公司发函称已准备发货。下午，甲公司将500kg草籽运到，绿化公司告知甲公司，他们已决定购买乙公司的草籽，因此，不能购买甲公司的草籽。甲公司认为，绿化公司拒收货物已构成违约，双方协商不成，甲公司向法院起诉。

根据以上案情，试分析：（1）绿化公司向甲、乙两公司发函和甲、乙两公司复函的行为分别属于什么行为？（2）绿化公司第二次向乙公司发函的行为属于什么行为？（3）绿化公司向甲、乙两公司之间的买卖合同是否成立？为什么？（4）绿化公司有无接受甲公司草籽的义务？本案中甲公司的损失应由谁承担？

2. 2000年4月，红星木材公司与蓝梦家具厂签订了一份买卖合同，约定木材公司在2001年8月底前供给蓝梦家具厂木材800m³，总价款64万元。同时家具厂向木材公司按总价款的10%支付定金6.4万元。如果家具厂违约，无权要求返还定金；如果木材公司违约则应双倍返还定金。此外，合同还规定了违约金的比例。合同签订后，家具厂向木材公司汇出了6.4万元的定金。2001年7月，木材公司的经理调离该公司，新上任的经理看到木材价格上涨，不少厂家向木材公司求购木材，于是将公司木材全部卖出，8月份家具厂多次要求木材公司发货，木材公司均搪塞拒绝发货。一直到9月中旬，木材公司忽然电告家具厂要求解除合同，理由是合同是原厂长签订的，该人已调走，签订的合同也随之解除。

家具厂据理力争,要求木材公司履行合同,但木材公司置之不理,单方面解除了合同。当家具厂要求双倍返还定金时,木材公司仍以各种理由拒绝。同年11月家具厂向法院起诉。

试分析:(1)该木材公司买卖合同是否有效?(2)该合同纠纷应如何处理?

3. 1999年3月10日,地处乙县石桥镇的乙县林业公司经理刘某专程到甲县二道河镇,与该地的甲县苗木公司经理方某签订了购销苹果树苗的合同,约定苗木公司供给林业公司经过检验合格的苹果树苗80万株,价款120万元,货到付款50%,树苗栽到地里3个月后再付款50%。方某核查了刘某提供的工商登记证,知悉林业公司经营林果种植及批发零售木材和水果;在乙县农业银行林场办事处有开户帐号(0466798),有偿付能力,双方便正式签订了购销合同。

3月23日,苗木公司将未经检验的80万株树苗送到林业公司,林业公司付款60万元,并将树苗植入林场。6月10日,森林病虫害防治所受林业主管部门委托,对该批树苗进行检疫,发现50%的树苗有根瘤病。林业主管部门根据有关规定,对林业公司作了罚款3万元、销毁所有树苗的处罚。

8月5日,苗木公司起诉林业公司,追讨60万元树苗欠款。林业公司反诉苗木公司,返还60万元货款及利息、支付林业主管部门对我公司的3万元罚款及利息、支付合同违约金1.8元、承担本案的诉讼费用。

根据案情,在任课教师指导下请单号同学代苗木公司撰写一份民事起诉状,请双号同学代林业公司撰写一份民事答辩及反诉状。

第六章

其他相关法律制度

【本章提要】 本章简要介绍了与园林绿化密切相关的环境保护法、森林法、建筑法、园林绿化企业法、城建行政执法和行政诉讼等法律知识。学习本章，应注意掌握在这些法律中，对园林绿化的规划、设计、施工、保护、管理和使用等方面的法律规定，依法从事园林绿化。

第一节 环境保护法知识

一、环境与环境保护

《中华人民共和国环境保护法》（以下简称《环境保护法》）中明确指出"本法所称的环境,是指影响人类生存和发展的各种天然的和经过人工改造的自然因素的总体,包括大气、水、海洋、土地、矿藏、森林、草原、野生动物、自然遗迹、人文遗迹、自然保护区、风景名胜区、城市和乡村等。"自地球上出现人类以后，环境问题就一直存在着，并随着人类社会的发展而日益突出，环境问题影响的范围越来越广，危害程度越来越大，要从根本上解决环境问题，必须高度重视环境保护。

环境保护是指人们（政府、组织和个人）根据生态平衡等客观自然规律和经济规律的要求，自觉地采取各种方法、手段和措施，协调人类和环境的关系，解决各种环境问题，保护、改善和创造环境的一切人类活动的总称。发展社会主义市场经济，进行现代化建设，最根本的目的就是为了国家富强，人民幸福。环境保护是为人民谋福利，为子孙后代造福的伟大事业，它直接关系到国家的强弱、民族的兴衰、社会的稳定，关系到全局战略和长远发展，是人们长远的根本利益所在。我们必须不断学习环境保护科学知识和相关法律知识，提高环保意识，尽到保护环境的义务和责任，遵守各种环境保护法规，积极治理环境污染，保护自然资源，维护生态平衡，努力创建良好的环境质量。

保护环境已作为我国的一项基本国策。经济建设与生态环境相协调，走可持续发展的道路，是关系到我国现代化建设事业全局的重大战略问题。园林绿化是环境建设的重要组成部分，是城镇物质文明和精神文明的重要体现。加强园林绿化工作，提高城镇绿地覆盖率，美化人们的生活环境、改善生态环境，是实施可持续发展战略的具体举措。作为初、中级园林专业人才，更需要了解有关环境保护的法律、法规知识，依法进行园林绿化。

二、环境保护法

环境保护法是国家、政府部门根据经济发展、保护人民身体健康与财产安全、保护环境和自然资源、防止污染和其他公害的需要而制定的一系列法律、法令和规定等法规，是调整环境保护中各种社会关系的法律规范的总称。环保法规迅速成为一门新兴的独立法律分支，是和近几年来世界很多国家和地区环境严重恶化，以致需国家干预这种情况相联系的。

目前我国主要的环境问题是：人口快速增加、耕地逐年减少；森林覆盖率低、生态基础脆弱、生态环境恶化已相当严重；资源和能源在开发利用过程中浪费惊人，给环境造成日益严重的污染；污染和浪费使水源危机加重；城市规模膨胀，基础设施落后，使城市环境恶化；乡镇企业的崛起，使污染由城市迅速向农村蔓延；环境保护投资、立法及管理滞后，国民环境意识相对淡薄。针对这种情况，我国已经把环境保护作为一项基本国策，党和国家领导人也发出了"加强对环境污染的治理，植树种草，改善生态环境""城市要留大量绿地，要大力绿化美化环境，改善生态平衡"等号召，随着党、政府和人民对环境保护的日益重视，环境保护的内容、涉及的范围越来越广，为了保护和改善生活环境和生态环境，防治污染和其他公害，保障人体健康，促进社会主义现代化建设的发展，加强环境保护的法制化建设，把环境管理纳入制度化、规范化和科学化的轨道。近年来，我国的环境立法有了较快的发展。相继颁布了一系列环境保护的法律、法规和规章，环境保护的法规体系已初步形成。内容大致包括以下几个部分：

（一）宪法

宪法是我国的根本大法，也是我国环境保护法制建设的基础。如《中华人民共和国宪法》第26条规定："国家保护和改善生活环境和生态环境，防治污染和其他公害。"第 9 条规定："国家保障自然资源的合理利用，保护珍贵的动物和植物，禁止任何组织和个人用任何手段侵占或破坏自然资源"，这些规定明确了国家的环境保护职能，为国家的环境保护活动和环境立法奠定了基础。

（二）环境保护基本法

我国的环境保护基本法即《环境保护法》，这是关于环境保护的综合性法律，对环境保护法的适用范围、组织机构、法律原则与制度等作出了原则性规定。因此，它居于基本法的地位，成为制定环境单行法的依据。

（三）环境保护单行法

环境保护单行法是针对特定的环境保护对象（如某种环境要素）或特定的人类活动（如基本建设项目）而制定的专项法律、法规，是宪法和环境保护基本法的具体化。大体上分为：土地利用规划法；污染防治法；自然保护法；环境管理行政法、全国生态环境建设规划；全国生态环境保护纲要等几个类型。这类单行法律、法规一般都比较具体细致，是我国进行环境管理、处理环境纠纷的直接依据。

（四）环境标准

环境标准是环境法体系的特殊组成部分，是"国家为了保护人体健康，增进社会福利，维护生态平衡而制定的具有法律效力的各种技术规范的总称"。一般包括环境质量标准、污染物排放标准、环境保护基础和方法标准等三大类。它为环境法的实施提供了数量化基础。

（五）其他法中关于环境保护的法律规定

如民法、刑法、经济法、行政法等部门法，通常也包含了一些关于环境保护的法律规范，它们也是环境法体系的重要组成部分。

三、环境保护法的基本原则

环境保护法的基本原则是指为环境法所确认、体现环境保护基本方针与政策，并为国家环境管理所遵循的基本准则。我国环境保护法的基本原则主要包括：

（一）环境保护与经济建设、社会发展相协调的原则

《环境保护法》第 4 条明确规定："国家制定的环境保护规划必须纳入国民经济和社会发展计划，国家采取有利于环境保护的经济、技术政策和措施，使环境保护同经济建设和社会发展相协调。"要体现这一原则应采取的主要措施是：

1. 制定环境保护规划与计划

通过制定这些规划与计划，可以明确一定时期环境保护的目标、任务和措施，指导环境管理工作。

2. 环境保护纳入国民经济和社会发展计划

环境保护与国民经济和社会发展的各个方面都有密切联系。只有将环境保护纳入国民经济和社会发展计划，使环境保护同经济建设和社会发展保持适当的比例关系，才能从根本上实现协调发展。

3. 采取有利于环境保护的经济、技术政策

这主要强调在微观上针对企业的行为特点，制定各种有利于环境保护的经济、技术政策。如产业政策、能源政策、结合技术改造控制工业污染的政策、推行清洁生产的政策，以及奖励综合利用、对环保项目在贷款、税收等方面给予优惠的政策等，促使企业加强环境保护。

4. 转变经济增长方式、合理开发利用资源，控制开发强度

国民经济的发展不能以过度消耗资源、能源为代价，这种粗放型的经营将使经济发展难以为继，因此，要转变经济增长方式，实行集约经营，合理地利用和节约自然资源，实现经济与环境协调发展。

（二）预防为主、防治结合、综合治理原则

预防为主，是指在国家环境管理中通过计划、规划和其他各种管理手段，刺激或强制要求污染者采取必要的防范性措施，尽可能防止环境污染和损害的发生。因为环境一旦遭到污染和破坏，就很难恢复甚至无法恢复。贯彻预防为主原则的制度和措施是：第一，全面规划，合理布局。全面规划就是对工业和农业、城市和乡村、生产和生活、经济建设和环境保护等各个方面作出统筹安排。因为，我国的大量环境问题的产生和发展是由于布局不合理造成的，因此，通过制定国土规划、区域规划和环境规划，合理安排经济建设和社会发展，使其与环境、资源条件相适应；第二，实行环境影响评价等预防性环境管理制度。根据预防为主、防治结合的基本原则，我国在环境保护法中先后制定了一系列预防性的环境管理制度，包括土地利用规划制度、环境影响评价制度、"三同时"制度等。通过实施这些环境管理制度，避免了重大环境问题的发生，有效地控制了环境恶化的势头。

防治结合，是指在采取防范性措施的同时，还应当对那些难以避免的环境污染和破坏采取一切可能的积极治理措施，尽力减轻对环境的污染和破坏。防是解决环境问题的积极办法，治是解决环境问题的消极办法，两者必须紧密结合。

综合治理，是指为了提高治理效果，用较少的投入取得较大的效益而采取多种方式和多种途径相结合的办法。因为造成环境问题的原因是多方面的，仅仅采取单一的治理措施往往解决不了问题，必须同时采取经济、行政、法律、教育等手段进行综合治理，才能奏效。

（三）开发者保护、利用者补偿、破坏者恢复、污染者治理的原则

这是使有关造成环境污染和破坏的单位或个人承担责任的一项基本原则。根据这一原则，所有对环境和资源进行开发利用的单位或个人应承担环境和资源的恢复、整治和养护的责任。所有排放废物、造成环境污染和破坏的单位或个人应承担污染源治理、环境整治的责任。体现这一原则的环境管理制度和措施包括以下两个方面：第一，在自然资源开发利用方面，通过一些环境保护的单行法律，实行了复垦、限额采伐等相关制度，保证了自然资源开发利用的有序性和合理性，保障了自然资源的永续利用。例如《中华人民共和国矿产资源法》明确规定："开采矿产资源，必须遵守有关环境保护的法律规定，防止环境污染。""开采矿产资源，应当节约用地。耕地、草原、林地因采矿受到破坏的，矿山企业应当因地制宜地采取复垦利用、植树种草或者其他利用措施。"等，都对合理利用自然资源，做好环境保护起到了积极作用。第二，在污染防治方面，规定了排污收费、限期治理等相关制度。促使企业加强了环境管理、防止跑、冒、滴、漏，把防治污染纳入企业管理计划。

（四）奖励综合利用，提高资源、能源利用率的原则

我国先后颁布了一些有关综合利用的单行法规，对综合利用的主要规定是：国家对综合利用资源的企业的生产建设项目，实行优惠政策；对矿山、森林、江河、湖海等重要自然资源的开发，要加强综合利用；对企业开展综合利用，实行"谁投资、谁受益"的原则；企业排放的，自己不能利用的"三废"，应免费供应给其他单位利用，不得收费或变相收费。供需双方签定合同并严格执行；综合利用的技术引进项目和设备、配件实行减免税、优先安排外汇等优惠；国家设立了综合利用奖，奖励在此方面做出突出贡献的单位和个人。

（五）公众参与原则

这一原则是指尊重公民享受良好生活环境的权益，保障公民有参与环境管理的权利。根据这一原则必须实行以下制度和措施：建立健全公众参与制度；完善公众举报、听证和环境影响评价公民参与制度；疏通人民群众关注和保护环境的渠道；推动公众和非政府组织参与环境保护和有关环境与发展综合决策的过程。

（六）政府对环境质量负责的原则

一个地区的环境质量如何，除了自然因素外，还与该地区的社会经济发

展密切相关，涉及到各个方面，是一个综合性很强的问题，只有政府才有这样的职能解决它。《环境保护法》第16条规定："地方各级人民政府，应当对本辖区的环境质量负责，采取措施改善环境质量。"根据这一原则，地方政府应采取以下措施：各级政府应把环境保护纳入国民经济和社会发展计划，明确本届政府任期内的环境目标、任务和落实措施；在重大决策中，充分注意环境保护的要求；组织好城市环境综合整治工作；实行环境目标责任制；充分运用法律赋予的权限，保护和改善环境。

四、环境保护的基本制度

根据环境保护法的基本原则，结合我国政治、经济、文化等多方面的特点，我国的环境保护法规定了以下一些基本管理制度，主要包括：

（一）土地利用规划制度

土地本身是一种重要的环境资源。要保护好土地资源并使其得到合理的开发利用，就需要对土地利用作出全面规划，对城镇设置、工农业布局、基础设施等作出总体安排，确保环境资源得到合理配置，促进国家或地方经济的持续、健康发展，有效地预防环境污染和破坏。

我国目前已经颁布的比较重要的土地利用和土地利用规划的法律法规有《中华人民共和国土地法》（1989年）及实施细则、《中华人民共和国城市规划法》（1989年）、《国土规划编制办法》（1987年）等。

（二）环境标准制度

环境标准即环境保护标准，是指为防治环境污染和保护人群健康及生态平衡，对环境中有害物质或因素所作的限度性规定，以及对污染源排入环境的污染物或有害因素的排放量或排放浓度所作的限度规定。这些限度规定是环境保护法规系统的一个重要组成部分。

（三）环境影响评价制度

环境影响评价就是预先通知对某项开发建设活动的调查、预测和评价，说明该项开发建设活动对环境的影响，并提出环境影响及防治方案的报告。

根据《建设项目环境保护管理办法》的规定，所有对环境产生影响的工业、交通、水利、农业、商业、卫生、文教、科研、旅游、市政等基本建设项目、技术改造项目和区域开发项目，都必须按照要求编制"环境影响报告书"或填报"环境影响报告表"。

（四）"三同时"制度

这是一项重要的控制新污染源的法律制度。这项制度要求一切新建、改建、扩建项目（包括小型建设项目）以及一切可能对环境造成污染和破坏的工程建设和自然开发项目，其防止污染和公害的设施，必须与主体工程（项目）同时设计、同时施工、同时投产。这项制度与环境影响评价制度结合起来，成为贯彻执行我国"预防为主"的环境保护方针的基本制度。

（五）排污收费制度

排污收费制度是国家对于那些向环境排放污染物或超过规定标准排放污染物的排污者，根据其排放污染物的种类、数量和浓度而征收一定的费用。以此刺激污染者进行污染治理，促进污染治理技术的进步与发展。国务院颁布的《征收排污费暂行办法》（1982年）中对征收排污费的目的、范围、标准、加收或减少的条件、排污费的使用和管理等都作了具体规定。

（六）其他制度

除了以上基本制度以外，我国还制订了环境监测制度，建立了相应的环境监督管理体制，也正在制订并采取一系列的经济刺激制度，如财政援助、低息贷款、区别税收等。

五、我国生态环境保护的指导思想、原则、目标以及对策与措施

为全面实施可持续发展战略，落实环境保护基本国策，巩固生态建设成果，努力实现祖国秀美山川的宏伟目标，国务院于2001年发布了《全国生态环境纲要》，其中针对我国环境保护的现状与存在的问题，确定了我国生态环境保护的指导思想、基本原则和奋斗目标，明确了我国生态环境保护的主要内容与要求，制定了我国生态环境保护对策与措施。

我国生态环境保护的指导思想是：高举邓小平理论伟大旗帜，以实施可持续发展战略和促进经济增长方式转变为中心，以改善生态环境质量和维护国家生态环境安全为目标，紧紧围绕重点地区、重点生态环境问题，统一规划，分类指导，分区推进，加强法治，严格监管，坚决打击人为破坏生态环境行为，动员和组织全社会力量，保护和改善自然恢复能力，巩固生态建设成果，努力遏制生态环境恶化的趋势，为实现祖国秀美山川宏伟目标打下坚实基础。

我国的生态环境保护要坚持生态环境保护与生态建设并举；坚持污染防治与生态环境保护并重；坚持统筹兼顾，综合决策，合理开发；坚持谁开发谁保护，谁破坏谁恢复，谁使用谁付费制度。通过生态环境保护，遏制生态环境破坏，减轻自然灾害的危害；促进自然资源的合理、科学利用，实现自

然生态系统良性循环；维护国家生态环境安全，确保国民经济和社会的可持续发展。到 2010 年，基本遏制生态环境破坏趋势。到 2030 年，全面遏制生态环境恶化趋势。2050 年，力争全国生态环境得到全面改善，实现城乡环境清洁和自然生态系统良性循环，全国大部分地区实现秀美山川的宏伟目标。

为了实现生态环境保护的目标，要采取的对策与措施是：第一，加强领导和协调，建立生态环境保护综合决策机制。为此，就要建立和完善生态环境保护责任制；积极协调和配合，建立行之有效的生态环境保护监管体系；保障生态环境保护的科技支持能力；建立经济社会发展与生态环境保护综合决策机制。第二，加强法制建设，提高全民的生态环境保护意识。为此，要加强立法和执法，把生态环境保护纳入法制轨道；认真履行国际公约，广泛开展国际交流与合作；加强生态环境保护的宣传教育，不断提高全民的生态环境保护意识。

六、违反环境保护法的法律责任

《环境保护法》对有关违反本法规定的法律责任作了以下规定：

第一，有下列行为之一的，环境保护行政主管部门或者其他依照法律规定行使环境监督管理的部门可以根据不同情节，给予警告或者处以罚款：拒绝有环境监督权力的部门现场检查或者在被检查时弄虚作假的；拒报或者谎报有关排污物申报事项的；不按规定缴纳超标准排污费的；引进不符合我国环保规定要求的技术和设备的；将产生严重污染的生产设备转移给没有污染防治能力的单位使用的。

第二，建设项目的防治污染设施没有建成或没有达到国家规定的要求，投入生产或者使用的，可由环保行政主管部门责令停止生产或者使用，可以并处罚款。

第三，未经环保主管部门同意，擅自拆除或者闲置污染处理设施，污染物排放超过规定标准的，可由环保行政主管部门责令重新安装使用，并处罚款。

第四，造成环境污染事故的企、事业单位，有环保监管权力的部门可根据所造成的危害后果处以罚款；情节较重的，对有关人员由其所在单位或者政府主管机关给予行政处分。

第五，对经限期治理逾期未完成治理任务的企、事业单位，除按国家规定加收超标准排污费外，可根据所造成的危害后果处以罚款，或者责令停业、关闭。

第六,造成环境污染危害的,有责任排除危害,并对直接受到损害的单位或者个人赔偿损失。

第七,造成重大环境污染事故,导致公私财产重大损失或者人身伤亡的严重后果的,对直接责任人员依法追究刑事责任。

第八,造成土地、森林、草原、水、矿产、渔业、野生动植物等资源的破坏的,依照有关法律的规定承担法律责任。

第九,环保监管人员滥用职权、玩忽职守、徇私舞弊的,由其所在单位或者上级主管机关给予行政处分;构成犯罪的,依法追究刑事责任。

第二节 森林法知识

一、森林法的立法原则及意义

(一)森林法的概念

森林法是调整人们从事森林、林木的培育种植、采伐利用和森林、林木、林地的经营管理活动中所发生的各种经济关系的法律规范的总称。制定森林法是为了保护、培育和合理利用森林资源,加快国土绿化,发挥森林蓄水、保土、调节气候、改善环境和提供林产品的作用,以适应社会主义建设和人们生活的需要。

(二)森林法颁布实施的意义

我国于 1984 年 9 月 20 日第六届全国人民代表大会常务委员会第七次会议通过了《中华人民共和国森林法》(以下简称《森林法》),自 1985 年 1 月 1 日起施行。1998 年 4 月 29 日第九届全国人民代表大会常务委员会第二次会议通过了《全国人民代表大会常务委员会关于修改〈中华人民共和国森林法〉的决定》,自 1998 年 7 月 1 日起施行。它吸取了党和政府有关林业的重要政策规定,总结了各地保护、管理、培育和合理利用森林资源的经验和教训,充分反映了林业在保护和建设生态环境方面的主导地位,充分体现了新时期要求完善林业法制建设、依法治林、依法兴林的迫切愿望,是有效地保护、培育和发展森林资源,鼓励和调动全社会植树造林、绿化国土、改善生态环境、促进林业快速发展的强有力的法律武器。因此,我们一定要认真学习、大力宣传和认真贯彻实施森林法,努力开创林业和生态环境建设的新局面。

（三）森林法的基本原则

1. 以植树造林、培育森林、恢复森林为首的原则

森林法强调加强植树造林、搞好封山育林、保护好天然林，严格控制森林采伐量，特别是禁止采伐天然林，鼓励广大群众造林、育林的积极性，减轻农民负担，保护承包造林者的合法权益。这对加快国土绿化、改善生态环境具有重大意义。

2. 稳定森林、林木、林地的权属，并允许其使用权可依法转让的原则

森林法以法律形式明确规定：国家和集体所有的森林、林木和林地，个人所有的林木和使用的林地可由县级以上地方人民政府登记造册，发放证书，确认所有权或者使用权。把稳定林权问题以法律形式固定下来，更能充分调动单位和个人造林、护林的积极性，有效地制止侵犯国家、集体和个人林权的行为，更有利林业的发展。

森林法还对森林、林木、林地的使用权转让作了规定：用材林、经济林、薪炭林等森林、林木及其林地使用权可以依法转让，还可作为合资、合作造林、经营林木的出资或者合作条件，并明确规定，不得改为非林地，勘查、开采矿藏和各项工程征用或占用林地必须经县级以上人民政府林业主管部门审核同意并由用地单位按有关规定缴纳森林植被恢复费。这非常有利于促进林业产权的流转，调动社会各行各业投资造林、育林的积极性，加大对森林资源的保护、管理，也会更好地促进林业的改革和发展，适应市场经济体制下林业的实际需要。

3. 实行森林生态效益补偿的原则

森林法以法律形式明确了设立森林生态效益补偿基金。用于提供生态效益的防护林和特种用途林的造林、抚育、保护和管理，这对进一步实现森林分类经营具有重要的作用。

4. 保护珍贵树种资源、保护生物多样性的原则

由于大量出口珍贵木材或者制品和衍生物，导致我国珍贵树木资源受到严重破坏。森林法规定了国家禁止、限制珍贵树木及其制品出口，如果出口必须经出口人所在地省、自治区、直辖市人民政府林业主管部门审核，报国务院林业主管部门批准，海关凭批准文件放行。如果出口属于我国参加国际公约限制进出口的树木或者其制品、衍生物，必须向国家濒危物种进出口管理机构申请办理允许进出口证明书，海关凭此证明书放行。

5. 依法治林的原则

森林法体现了依法治林的指导原则，提出了运用法律手段严厉打击破坏森林资源的违法犯罪行为，森林法明确规定，森林公安机关（即林业公安机关）负责维护辖区社会治安秩序，保护辖区内森林资源，并可在国务院林业主管部门的授权范围内代行盗伐或者滥伐森林、买卖林木采伐许可证等批准文书的行政处罚权。这就更加明确了森林公安机关的法律地位和作用，可以更有效地发挥森林公安机关打击破坏森林资源违法犯罪和林区恶性违法行为。同时，对盗伐或者滥伐森林、毁坏珍贵树木、超过采伐限额或者超越职权发放、买卖和伪造林木采伐许可证等证件，非法收购盗伐或者滥伐木材等行为的法律责任作了明确规定，加大了处理力度。为行政机关、司法机关及时有效地办理破坏森林资源案件，打击毁林的违法分子，准确地适用经济的、行政的和刑事的处罚提供了明确的法律依据。

二、植树造林的法律规定

（一）制定植树造林规划，明确奋斗目标

《森林法》第22条规定："各级人民政府应当制定植树造林规划，因地制宜地确定本地区提高森林覆盖率的奋斗目标。"植树造林绿化祖国、增加森林资源、提高森林覆盖率是一项长期的历史性任务，也是加强我国生态建设改善生态环境的重大战略举措，是功在当代利在千秋的伟大事业。同时，这项活动又具有广泛的社会性，需要各行各业和全体人民的共同参与，因此各级人民政府必须因地制宜结合当地的土地利用规划和农业区划，根据《森林法》及其实施条例的规定和国家造林绿化的要求，制定出科学合理的植树造林规划，搞好总体布局，确定切实可行的提高本地区森林覆盖率的奋斗目标，并采取各种有力措施，加以贯彻落实，力争目标实现。

（二）认真组织，广泛参与

《森林法》第22条规定："各级人民政府应当组织各行各业和城乡居民完成植树造林规划确定的任务。"第9条也规定："各级人民政府应当组织全民义务植树，开展植树造林活动"。第五届全国人民代表大会第四次会议《关于开展全民义务植树运动的决议》中也规定："凡是条件具备的地方，年满十一岁的中华人民共和国公民，除老弱病残者外，因地制宜，每人每年义务植树三至五棵，或者完成相应劳动量的育苗、管护和其他绿化任务"。因此，各级人民政府制订植树造林规划以后，还要积极组织和动员各行各业和广大人民群众参加植树造林，各部门、各单位各负其责自上而下层层落实，建立完善领导干部任期目标责任制，保质保量完成造林任务。

（三）明确造林范围，落实造林责任

《森林法》明确规定了属于国家所有的宜林荒山荒地，由林业主管部门和

其他主管部门组织造林，属于集体所有的宜林荒山荒地，由集体经济组织组织造林。对于这些宜林荒山荒地，不论是国家所有还是集体所有都可以由集体或个人承包造林，国家保护承包造林者依法享有的林木所有权和其他合法权益。未经发包方和承包方协商一致，不得随意变更或解除承包造林合同。同时还规定："铁路公路两旁、江河两侧、湖泊水库周围，由各有关主管单位因地制宜地组织造林；工矿区，机关、学校用地，部队营区以及农场、牧场、渔场经营地区，由各该单位负责造林。"责任单位的造林绿化任务，由所在地的县级人民政府下达责任通知书予以确认和组织检查验收。

（四）**实行科学造林，提高林木成活率**

《中华人民共和国森林法实施细则》第15条规定："植树造林应遵守造林技术规程，实行科学造林，保证质量。"当年造林的情况由县级人民政府组织检查验收，除国家特别规定的干旱、半干旱地区外，成活率不足85%的，不得计入年度造林完成面积。

（五）**明确林木所有权，合理分配植树造林的收益**

为了鼓励植树造林，充分调动单位和个人的积极性，按照谁造谁有的原则，《森林法》对植树造林的林木所有权和收益分配作出了明确规定：国有企事业单位、机关、团体、部队营造的林木由营造单位负责经营管理，可按国家有关规定支配林木收益，但林木的所有权归国家所有；集体所有制单位营造的林木，归该单位所有，享有依法获得收益和处分的权利；农村居民在房前屋后、自留地、自留山种植的林木以及城镇居民和职工在自有房屋的庭院内种植的林木，归个人所有；承包宜林荒山荒地造林的，承包种植的林木归承包者所有，承包合同另有规定的，按承包合同规定执行。

（六）**因地制宜封山育林**

各地在积极开展人工造林的同时，还应因地制宜大力开展封山育林，在天然更新能力强的疏林地、造林不易成活的荒山荒地、幼林地及有可能天然恢复植被的荒山荒地，可以实行定期封山、禁牧，禁止开荒、砍柴，实行封闭式管理，使森林植被尽快得到恢复，改善生态环境。

（七）**植树造林的法律责任**

根据《中华人民共和国森林法实施条例》第42条的规定，有下列情形之一的，由县级以上人民政府林业主管部门责令限期完成造林任务；逾期未完成的，可以处应完成而未完成造林任务所需费用2倍以上的罚款；对直接负责的主管人员和其他直接责任人员，依法给予行政处分：第一，连续两年未完成更新造林任务的；第二，当年更新造林面积未达到应更新造林面积50%的；第三，除国家特别规定的干旱、半干旱地区外，更新造林当年成活率未达到 85% 的；第四，植树造林责任单位未按照所在地县级人民政府的要求按时完成造林任务的。

三、森林病虫害防治的有关规定

（一）森林病虫害防治的意义

森林病虫害防治是指对森林植物病虫害的预防和除治。我国的森林病虫害种类多，发生面积大，损失严重。至 1988 年，森林病虫害发生面积已达 $967 \times 10^4 hm^2$，材积损失达到 $1\,450 \times 10^4 m^3$，经济损失约 14.5 亿元，这三项数字均远远地超过了森林火灾的危害。因此，有人把森林病虫害叫做"不冒烟的森林火灾"，是林业发展的大敌。加强森林病虫害的防治和除治工作，对于减少森林资源损失、巩固造林绿化成果、保护森林资源、改善生态环境、促进国民经济和社会可持续发展有重要意义。国务院于 1989 年 12 月颁布了《森林病虫害防治条例》，把森林病虫害防治工作纳入法制轨道，使森林保护工作走向规范化和制度化。

（二）森林病虫害防治工作的方针

《森林病虫害防治条例》中明确提出了"预防为主，综合治理"的方针。"预防为主"就是要从维护森林生态环境的观点出发，从造林规划设计开始，在林业生产的各个环节上采取预防措施，实行科学管理。切实做到良种壮苗，适地适树，大力营造混交林和封山育林。要注意保护生物的多样性，维护好森林的生态平衡，充分发挥生物的调控作用，提高森林自身抵御病虫害的能力，以达到森林有害生物可持续控制的目的。"综合治理"就是充分利用病虫和森林生态环境的辩证关系，以预防为主，以林业防治技术措施为基础，以森林植物检疫为重要手段，发展森林生物群落中不利于病虫而有利于林木健康成长因素，因地制宜地、经济地运用生物、物理、化学等相辅相成的系统防治措施，把病虫控制在不成灾的水平，以达到保护环境和促进林木速生丰产的目的。

（三）森林病虫害防治的责任制度

1. 森林病虫害防治工作的责任制度

根据《森林法》和《森林病虫害防治条例》的有关规定，地方各级人民政府负责制定有关森林病虫害防治的措施和制度；各级林业主管部门主管该项工作，并负责组织森林经营单位和个人进行预防和除治工作；各级林业主管部门所属的防治机构负责具体组织工作；区、乡林业工作站，负责组织本区、乡的森林病虫害防治工作。按着"谁经营、谁防治"的责任制度，对防治不利或根本不予防治造成森林病虫害蔓延成灾的单位和个人，按情况责令其限期整治、赔偿损失或处以罚款；对防治工作成绩显著的，给予表扬或奖励。

2. 森林病虫害的预测预报的规定

《森林病虫防治条例》要求中央、省（自治区、直辖市）、市（地）和县必须建立起四级测报网络，实行"分级管理，责任到人"和"专业测报与群众测报相结合"的办法。根据森林病虫害测报中心和测报点对测报对象的调查和监测情况，定期发布长期、中期、短期森林病虫害预报，并及时提出防治方案。

3. 森林植物检疫的规定

森林植物检疫是预防森林植物免受某些危险病虫害的重要措施，也是贯彻"预防为主，综合治理"的有力保证。森林植物检疫是由国家或地方政府颁布法令，设立专门机构，采取一系列措施，对种子、苗木、其他繁殖材料及林木的调运与贸易进行管理，通过控制和检验，来防止危险性病虫及杂草传播蔓延的一种法制性措施。根据规定，国内森林植物检疫对象和应施检疫的森林植物和林产品名单，由国务院林业主管部门制定；各地林业主管部门可制定本地区的补充名单，报国务院林业主管部门备案。应施检疫的森林植物及其产品，包括林木种子、苗木和其他繁殖材料，乔木、灌木、竹类、花卉和其他森林植物，木材、药材、果品盆景和其他林产品。各级森林病虫害防治机构应依法对林木种苗和木材、竹材进行产地检疫和调运检疫。各口岸的植物检疫机构按国家有关进出境动植物检疫的法律规定，加强检疫工作。局部地区发生植物检疫对象的，应划定为疫区，采取措施，封锁消灭，防止植物检疫对象传出；发生地区已比较普遍的，则应将未发生地区划为保护区，防止植物检疫对象的传入。

4. 森林病虫害预防除治的规定

《森林法》中规定：森林经营者应当采取各种积极的措施进行预防。以营林措施为主，选用优良的种子和苗木，营造混交林，实行科学育林，结合生物防治、化学防治和物理防治等治理措施，改善森林的生态环境，提高防御森林病虫害的能力。发生森林病虫害时，有关部门、森林经营者应当采取综合防治措施，及时进行除治；发生严重森林病虫害时，当地人民政府应当采取紧急除治措施，防止蔓延，消除隐患。任何单位和个人，发现森林病虫害时，都应及时向有关部门报告。有关经营单位和个人也要按照法律、法规的规定履行除治义务。

四、森林防火的主要规定

森林火灾是一种破坏性极大的自然灾害，具有很大的突发性，能在短时间内破坏大面积的森林，造成严重的财产损失和人员伤亡。有效地预防、减少和控制森林火灾，是保护森林资源、促进林业发展、维护自然生态平衡的重要措施之一。我国的《森林法》和《森林防火条例》也对森林防火的要求和责任作出了法律性的规定。

（一）各级人民政府行政领导的防火职责

森林防火是一项很严肃的行政性工作，它必须通过行政和法律手段贯彻实施国家的政策、法令及各级地方政府的法规、规定及规章，才能对森林防火工作实行强有力的管理。同时，森林防火工作又是一项涉及面广而又极其复杂的社会性工作，它涉及到各部门、各方面以及广大群众，需要得到全社会的关心和支持。因此，《森林法》和《森林防火条例》明确规定：森林防火实行各级人民政府行政领导负责制，即负责森林防火工作的行政首长（省长、市长、县长、乡长）对所辖行政区的森林防火实行统一领导、统一组织、统一指挥。动员各部门各方面的力量，采取措施，积极预防和扑灭森林火灾。各级林业主管部门对森林防火负有重要责任，林区各单位都要在当地人民政府领导下，实行部门和领导负责制。地方各级森林防火指挥机构，是在当地政府和上一级森林防火指挥机构的领导下，代表同级人民政府行使职权，负责对森林防火工作进行组织、协调、检查、监督。县以上森林防火指挥机构都设有办公室，并配备专职人员，负责森林防火日常工作，同时也规定了"预防和扑救森林火灾，保护森林资源，是每个公民应尽的义务。"这就要求广大人民群众对森林防火负有一定的责任和义务，必须积极参与防火工作，实现群防群治。

（二）森林防火工作的方针

《森林防火条例》第3条规定：森林防火的工作方针是"预防为主、积极消灭。"这就要求人们必须把预防工作作为森林防火的"第一道工序"，贯穿于整个防火工作的全过程，采取一切可能的措施，力求不发生或少发生森林火灾。一旦发生了森林火灾，就必须动员一切力量、利用各种手段，采取各种措施积极扑灭，做到"扑早、扑小、扑了"，不留隐患。

（三）森林火灾预防和扑救的规定

1. 规定森林防火期和森林防火戒严期

地方人民政府可根据本地区的实际情况，规定森林防火期，在森林防火期内，禁止在林区野外用火；因特殊情况需要用火的，必须经县级人民政府或者其授权的机关批准。在森林防火期内出现高火险天气时，可以划定森林防火戒严区，规定森林防火戒严期，在戒严区内禁止一切野外用火。戒严期限一般在 30 天以下。

2. 在林区设置防火设施

林区的防火设施是预防、控制和扑救森林火灾的基础和保障，标志着森林防火能力的强弱，因此，必须要加强森林防火基础设施的建设，并且要与林区的开发建设和大面积造林结合起来，统一规划、合理布局、统一施工。严格按要求设置林火预测预报网、林火探测网、防火通讯网、林火阻隔网等。各种森林防火设施包括：设置火情瞭望台，开设防火线（隔离带）、营造防火林带；修筑防火公路、修建防火物资储备库；配备防火交通运输工具，探火、灭火器械和通信器械等；建立森林火险监测和预报站（点）。

3. 扑救森林火灾及其善后工作

预防和扑救森林火灾是任何单位和个人应尽的责任和义务。一旦发现森林火灾必须立即扑救，并及时向有关部门报告。发生森林火灾时当地人民政府或森林防火指挥部必须立即组织当地居民和有关部门扑救，同时将火情尽快逐级上报。扑救森林火灾时，气象、铁路、交通、民航、邮电、民政、公安以及商业、粮食、供销、物资、卫生等部门，必须服从领导和指挥，密切配合，全力支持做好气象预报、交通运输、防火通信、灾民安置、火案处理、物资供应及医疗救护等工作。尽快扑灭森林火灾，将损失减少到最低限度。对扑救森林火灾负伤、致残、牺牲的人员给予医疗、抚恤。

（四）森林防火的奖惩

按照《森林法》《森林防火条例》的规定：对在预防和扑救森林火灾中做出显著成绩的单位和个人，应按照规定由县级以上人民政府给予表彰和奖励；对违反《森林法》及有关护林防火的规定造成森林火灾的有关责任人，可根据情节轻重，由公安机关或林业主管部门给予治安处罚或其他行政处罚，构成犯罪的由司法机关依法追究刑事责任。

五、违反森林法的法律责任

(一) 盗伐森林或其他林木的法律责任

盗伐森林或其他林木的,依法赔偿损失;由林业主管部门责令补种盗伐株数 10 倍的树木,没收盗伐的林木或者变卖所得,并处盗伐林木价值 3~10 倍的罚款。

盗伐森林或其他林木数量较大构成犯罪的,依照《刑法》第 345 条的规定:数量较大的,处 3 年以下有期徒刑、拘役或者管制,并处或者单处罚金;数量巨大的,处 3 年以上 7 年以下有期徒刑,并处罚金;数量特别巨大的,处 7 年以上有期徒刑,并处罚金。

(二) 滥伐森林或其他林木的法律责任

滥伐森林或其他林木的,由林业主管部门责令补种滥伐株数 5 倍的树木,并处滥伐林木的价值 2~5 倍的罚款。

滥伐森林或其他林木数量较大构成犯罪的,依照《刑法》第 345 条规定:数量较大的,处 3 年以下有期徒刑、拘役或者管制,并处或者单处罚金;数量巨大的,处 3 年以上 7 年以下有期徒刑,并处罚金。

(三) 非法采伐、毁坏珍贵树木的法律责任

"珍贵树木"是指省级以上林业主管部门或者其他主管部门确定的具有重大历史纪念意义、科研价值或者年代久远的古树名木,国家禁止、限制出口的珍贵树木以及列入国家重点保护野生植物名录的树木。

违反国家规定,非法采伐、毁坏珍贵树木或者国家重点保护的其他植物的,或者非法收购、运输、加工、出售珍贵树木或者国家重点保护的其他植物及其制品,依照《刑法》第 344 条的规定:处 3 年以下有期徒刑、拘役或者管制,并处罚金;情节严重的,处 3 年以上 7 年以下有期徒刑,并处罚金。

(四) 滥发、买卖、伪造有关证件、文件的法律责任

这里所说的"有关证件、文件"是指林木采伐许可证、林木运输证件、批准出口文件和允许进出口证明书。这些证件、文件必须由法定主管部门按规定核发,不得滥发,更不得买卖、伪造。

滥发上述证件和文件的,由上一级人民政府林业主管部门责令纠正,对直接负责的主管人员和其他直接责任人员依法给予行政处分;有关人民政府林业主管部门未予纠正的,国务院林业主管部门可以直接处理。情节严重,致使森林遭受严重破坏,构成犯罪的,依照《刑法》第 407 条的规定,处 3 年以下有期徒刑或拘役。

买卖上述证件、文件的，林业主管部门没收违法买卖的证件、文件和违法所得，并处违法买卖证件、文件价款1～3倍的罚款。情节严重，构成非法经营罪，依照《刑法》第225条的规定：情节严重的，处5年以下有期徒刑或者拘役，并处或者单处违法所得1～5倍的罚金；情节特别严重的，处5年以上有期徒刑，并处违法所得1～5倍的罚金或者没收财产。

伪造上述证件、文件的，构成妨害国家机关公务、证件、印章罪，依照《刑法》第280条规定：一般情节的，处3年以下有期徒刑、拘役、管制或者剥夺政治权利；情节严重的，处3年以上10年以下有期徒刑。

（五）非法收购明知是盗伐、滥伐林木的法律责任

非法收购明知是盗伐、滥伐林木，情节轻微的，由林业主管部门责令停止违法行为，没收违法收购的盗伐、滥伐的林木或者变卖所得，可以并处违法收购林木价款1～3倍的罚款。情节严重构成犯罪的，依照《刑法》第345条的规定：处3年以下有期徒刑、拘役或者管制，并处或者单处罚金；情节特别严重的，处3年以上7年以下有期徒刑，并处罚金。

（六）毁林开垦和毁林采石、采砂、采土以及其他毁林行为的法律责任

违反规定进行开垦、采石、采砂、采土、采种；或者违反操作技术规程采脂、挖笋、掘根、剥树皮及过度修枝，致使森林、林木受到毁坏的，按《森林法》及其实施条例的规定，行为人要依法赔偿损失；由林业主管部门责令停止违法行为，补种毁坏株数1～3倍的树木。可以处毁坏林木价值1～5倍的罚款。

违反规定在幼林地和特种用途林内砍柴、放牧，致使森林、林木受到毁坏的，要依法赔偿损失，由林业主管部门责令停止违法行为，补种毁坏株数1～3倍的树木。

对于责令补种树木的，行为人拒不补种或补种不符合国家有关规定的，由林业主管部门代为补种，所需费用由违法者支付。

对于违反规定擅自开垦林地，对森林、林木未造成毁坏或者被开垦的林地上没有林木的，由县级以上林业主管部门责令停止违法行为，限期恢复原状，可以处非法开垦林地10元/m^{2}以下的罚款。

（七）非法运输木材的法律责任

对于违反有关规定运输木材的下列违法行为，由县级以上人民政府林业主管部门作出相应处罚。无木材证运输木材的，没收其非法运输的木材，对货主可以并处非法运输木材价款30%以下的罚款；使用伪造、涂改的木材运输证运输木材的没收其非法运输的木材，并处没收木材价款10%～50%的罚款。

运输的木材数量超出木材运输证所准运的数量的，没收其超出部分的木材；运输的木材的树种、材种、规格与木材运输证规定不符，又无正当理由的，没收其不相符部分木材。

承运无木材运输证的木材的，由县级以上人民政府林业主管部门没收运费，并处运费 1～3 倍的罚款。

（八）其他违法行为的法律责任

对于下列违法行为，可由县级以上人民政府林业主管部门作出处罚。擅自在林区经营（含加工）木材的，没收其非法经营的木材和违法所得，并处违法所得 2 倍以下的罚款；擅自改变林地用途的，责令其限期恢复原状，并处非法改变用途林地 10～30 元/m^2 的罚款；擅自移动或者毁坏林业服务标志的，责令其限期恢复原状，逾期不恢复原状的，由林业主管部门代为恢复，所需费用由违法者支付；擅自将防护和特种用途林改变为其他林种的，收回经营者所获取的森林生态效益补偿，并处所获取森林生态效益补偿 3 倍以下的罚款。

从事森林资源保护、林业监督管理工作的林业主管部门的工作人员和其他国家机关的有关工作人员滥用职权、玩忽职守、徇私舞弊，构成犯罪的，依法追究刑事责任；尚不构成犯罪的，依法给予行政处分。

第三节　建筑法知识

一、建筑法的立法宗旨

《中华人民共和国建筑法》（以下简称《建筑法》）是在 1997 年 11 月 1 日，第八届全国人民代表大会常务委员会第二十八次会议审议通过的。由中华人民共和国主席令第 91 号发布，自 1998 年 3 月 1 日起施行。《建筑法》的制定和实施，对于加强建筑活动的监督管理，依法对建筑工程发包、承包、施工和监理，维护建筑市场秩序，保证建筑工程的质量和安全，深化建筑管理体制的改革，促进建筑业健康发展，都具有十分重要的现实意义和深远的历史意义。各建设单位、建筑施工企业、勘察、设计单位和工程监理等单位，都要认真贯彻执行。

二、建筑法的适用范围

《建筑法》的内容包括：总则；建筑许可；建筑工程发包与承包；建筑工程监理；建筑安全与生产管理；建筑工程质量管理；法律责任；附则。共 8 章 85 条。其适用范围为：在中华人民共和国境内从事建筑活动，实施对建筑活动的监督管理。所谓建筑活动，是指各类房屋建筑及其附属设施的建造和与其配套的线路、管道、设备的安装活动。建筑活动应当确保建筑工程质量和安全，符合国家的建筑工程安全标准。从事建筑活动应当遵守法律、法规，不得损害社会公共利益和他人的合法权益。任何单位和个人都不得妨碍和阻挠依法进行的建筑活动。国务院建设行政主管部门对全国建筑活动实施统一的监督管理。

三、建筑工程招标与投标

（一）招标投标法

《中华人民共和国招标投标法》（以下简称《招标投标法》）是在 1999 年 8 月 30 日，经第九届全国人民代表大会常务委员会第十一次会议讨论通过的，由中华人民共和国主席令第 21 号公布，自 2001 年 1 月 1 日起施行。凡是在我国境内进行招标投标活动都适用本法。制订本法是为了规范招标投标活动，保护国家利益、社会公共利益和招标投标活动当事人的合法权益，提高经济效益，保证项目质量。

（二）招标的法律规定

1. 招标人

招标人是指依照《招标投标法》规定提出招标项目，进行招标的法人或者其他组织。招标人可以根据招标项目本身的要求，在招标公告或者投标邀请书中，要求潜在投标人提供有关资质证明文件和业绩情况，并对潜在投标人进行资格审查。国家对投标人的资格条件有规定的，依照其规定执行。

2. 招标分类

招标可分为公开招标和邀请招标。

（1）公开招标　是指招标人以招标公告的方式邀请不特定的法人或者其他组织投标。招标人采用此方式的，应当发布招标公告。对依法必须进行招标项目的招标公告，应当通过国家指定的报刊、信息网络或者其他媒介发布。要求招标公告载明的事项有：招标人的名称和地址；招标项目的性质、数量、实施地点和时间；获取招标文件的办法等。

（2）**邀请招标** 是指招标人以投标邀请书的方式邀请特定的法人或者其他组织投标。招标人采用此方式的，应当向 3 个人以上具有承担招标项目能力、资信良好的特定法人或者其他组织发出投标邀请书。

3. 招标文件的编制

招标人应当根据招标项目的特点和需要编制招标文件。招标文件应当包括招标项目的技术要求、对投标人资格审查的标准、投标报价要求和评标标准等所有实质性要求和条件以及拟签订合同的主要条款。国家对招标项目的技术、标准有规定的，招标人应当按照其规定在招标文件中提出相应的要求。招标项目需要划分标段、确定工期的，招标人应当合理划分标段、确定工期，并在招标文件中载明。招标文件不得要求或者标明特定的生产者及倾向或者排斥潜在投标人的其他内容。招标人对已经发出的招标文件进行必要的澄清或者修改的，应当在招标文件要求提交投标文件截止时间至少 15 日前，以书面形式通知招标文件收受人。该澄清或者修改的内容为招标文件的组成部分。

4. 招标发包的规定

建筑工程实行招标发包的，发包单位应当将建筑工程发包给依法中标的承包单位。建筑工程实行直接发包的，发包单位应当将建筑工程发包给具有相应资质条件的承包单位。

（三）投标的法律规定

1. 投标人

投标人是指响应招标、参加投标竞争的法人或者其他组织。投标人应当具备承担招标项目的能力。国家有关规定对投标人资格条件或者招标文件对投标人资格条件有规定的，投标人应当具备规定的条件。

2. 投标文件的编制

投标人应当按照招标文件的要求编制投标文件。投标文件应当对招标文件提出的实质性要求和条件做出响应。对建筑施工的招标项目，投标文件的内容应当包括拟派出的项目负责人与主要技术人员的简历、业绩和拟用于完成招标项目的机械设备等。规定投标人在招标文件要求提交投标文件的截止时间前，将投标文件送达投标地点。而招标人收到投标文件后，应当签收保存，不得开启。对投标人少于 3 个的，招标人应当依照《招标投标法》重新招标。在招标文件要求提交投标文件的截止时间后送达的投标文件，招标人应当拒收。投标人在招标文件要求提交投标文件的截止时间前，可以补充、修改或者撤回已提交的投标文件，并书面通知招标人。而补充、修改的内容是投标文件的组成部分。对投标人根据招标文件载明的项目实际情况，拟在中标后将中标项目的部分非主体、非关键性工作进行分包的应当在投标文件中载明。

3. 对投标人的规定

按照《招标投标法》的规定：两个以上法人或者其他组织可以组成一个联合体，以一个投标人的身份共同投标。联合体各方均应当具备承担招标项目的相应能力。国家有关规定或者招标文件对投标人资格条件有规定的，联合体各方均应当具备规定的相应资格条件。对由同一专业的单位组成的联合体，按照资质等级较低的单位确定资质等级。要求联合体各方应当签订共同投标协议，明确约定各方拟承担的工作和责任，并将共同投标协议连同投标文件一并提交招标人。而联合体在投标中中标的，联合体各方应当共同与招标人签订合同，就中标项目向招标人承担连带责任。

投标人不得相互串通投标报价，不得排挤其他投标人的公平竞争，损害招标人或者其他投标人的合法权益；投标人也不得与招标人串通投标，损害国家利益、社会公共利益或者他人的合法权益；禁止投标人以向招标人或者评标委员会成员行贿的手段谋取中标；投标人不得以低于成本的报价竞标，也不得以他人名义投标或者以其他方式弄虚作假，骗取中标。

四、建筑施工与监理的法律规定

（一）建筑施工的法律规定

1. 申请施工许可证应具备的条件

按照国家有关规定，建筑工程开工前，应向工程所在地县级以上人民政府建设行政主管部门申请领取施工许可证。申请领取施工许可证应具备下列条件：第一，已经办理该建筑工程用地批准手续；第二，在城市规划区的建筑工程，已经取得规划许可证；第三，需要拆迁的，其拆迁进度符合施工要求；第四，已经确定建筑施工企业；第五，有满足施工需要的施工图纸及技术资料；第六，有保证工程质量和安全的具体措施；第七，建设资金已经落实；第八，法律、行政法规规定的其他条件，凡是符合条件的申请，建设行政主管部门应当自收到申请之日起15日内颁发施工许可证。

2. 对建筑工程开工、中止施工、恢复施工的规定

自领取施工许可证之日起3个月内建设单位应当开工。因故不能按期开工的应当向发证机关申请延期。延期以两次为限，每次不超过3个月。对既不开工，又不申请延期或者超过延期时限的，施工许可证自行废止。

对在建的建筑工程因故中止施工的，建设单位应当自中止施工之日起1

个月内，向发证机关报告，并按照规定做好建筑工程的维护管理工作。

对建筑工程恢复施工的，应当向发证机关报告。但是，对中止施工满1年的工程恢复施工前，建设单位应报告发证机关核验施工许可证。

(二) 建筑工程监理的法律规定

国家推行建筑工程监理制度。对实行监理的建筑工程，应由建设单位委托具有资质条件的工程监理单位监理。建设单位与其委托的工程监理单位应当订立书面委托监理合同。在实施建筑工程监理前，建设单位应当将委托的工程监理单位、监理的内容及监理权限，书面通知被监理的建筑施工企业。对建筑工程监理的法律规定如下：

第一，建筑工程监理单位应当依照法律、行政法规及有关的技术标准、设计文件和建筑工程承包合同，对承包单位在施工质量、建设工期和建设资金使用等方面，代表建设单位实施监督。

第二，工程监理单位应当在其资质等级许可的监理范围内，承担工程监理业务。有关资质等级及业务范围在《工程监理企业资质管理规定》(2001年8月29日中华人民共和国建设部令 第102号发布)中作了具体规定，在此略。

第三，工程监理单位应当根据建设单位的委托，客观、公证地执行监理任务。工程监理单位不得转让工程监理业务。

第四，工程监理单位与被监理工程的承包单位以及建筑材料、建筑构配件和设备供应单位不得有隶属关系或者其他利害关系。

第五，工程监理单位不按照委托监理合同的约定履行监理义务，对应当监督检查的项目不检查或者不按照规定检查，给建设单位造成损失的，应当承担相应的赔偿责任。

第六，工程监理单位与承包单位串通，为承包单位谋取非法利益，给建设单位造成损失的，应当与承包单位承担连带赔偿责任。

第七，工程监理人员在实施工程监理时，认为工程施工不符合工程设计要求、施工技术标准和合同约定的，有权要求建筑施工企业改正。

第八，工程监理人员发现工程设计不符合建筑工程质量标准或者合同约定的质量要求的，应当报告建设单位要求设计单位改正。

五、建筑工程安全生产与质量管理的法律规定

(一) 建筑工程安全生产管理的法律规定

为保证建筑生产的安全，有关部门和单位必须建立健全安全生产的责任制度和群防群治制度，坚持"安全第一、预防为主"的方针，做好建筑工程

安全生产管理工作。

1. 对建筑工程设计单位的规定

建筑工程设计单位在进行设计时,应当符合按照国家规定制定的建筑安全规程和技术规范,保证工程的安全性。

2. 对建筑施工企业的规定

第一,对建筑施工组织设计时,应根据建筑工程的特点制定相应的安全技术措施。对专业性较强的工程项目,应编制专项安全施工组织设计,并采取安全技术措施。

第二,在施工现场采取维护安全、防范危险、预防火灾等措施。有条件的,应对施工现场实行封闭管理。

第三,对施工现场毗邻的建筑物、构筑物和特殊作业环境可能造成损害的,应采取措施加以保护。

第四,应遵守有关环境保护和安全生产的法律、法规的规定,采取控制和处理施工现场的各种粉尘、废气、废水、固体废物以及噪声、振动对环境的污染和危害的措施。

第五,必须依法加强对建筑安全生产的管理,执行安全生产责任制度,采取有效措施,防止伤亡和其他安全生产事故的发生。

第六,负责施工现场安全,对实行施工总承包的,由承包单位负责,分包单位向总承包单位负责,服从总承包单位对施工现场的安全生产管理。

第七,要建立健全劳动安全生产教育培训制度,加强对职工安全生产的教育培训,未经安全生产教育培训的人员,不得上岗作业。

第八,在施工过程中,建筑施工企业和作业人员应遵守有关安全生产的法律、法规和建筑行业安全规章、规程,不得违章指挥或者违章作业。作业人员有权对影响人身健康的作业程序和作业条件提出改进意见,有权获得安全生产所需的防护用品,作业人员对危及生命安全和人身健康的行为,有权提出批评、检举和控告。

第九,必须为从事危险作业的职工办理意外伤害保险,支付保险费。

第十,房屋拆除应当由具备保证安全条件的建筑施工单位承担,由建筑施工单位负责人对安全负责。

第十一,假如施工单位中发生事故时,建筑施工企业应当采取紧急措施减少人员伤亡和事故损失,并按照国家有关规定及时向有关部门报告。

3. 对建设单位的规定

建设单位应向建筑施工企业提供与施工现场相关的地下管线资料,建筑施工企业应当采取措施加以保护。对涉及建筑主体和承重结构变动的装修工程，应在施工前委托原设计单位或者具有相应资质条件的设计单位提出设计方案；没有设计方案的，不得施工。

有下列情形之一的应按照国家有关规定办理申请手续：需要临时占用规划批准范围以外场地的；可能损坏道路、管线、电力、邮电通讯等公共设施的；需要临时停水、停电、中断道路交通的；需要进行爆破作业的；法律、法规规定需要办理报批手续的其他情形。

4. 对建设行政主管部门的规定

建设行政主管部门应负责建筑安全生产的管理，并依法接受劳动行政主管部门对建筑安全生产的指导和监督。

（二）建筑工程质量管理的法律规定

1. 推行质量体系认证制度

国家对从事建筑活动的单位推行质量体系认证制度。从事建筑活动的单位根据自愿原则，可以向国务院产品质量监督管理部门或者国务院产品质量监督管理部门授权的部门认可的认证机构，申请质量体系认证。经认证合格的，由认证机构颁发质量体系认证证书。

2. 工程质量负责制

建筑工程实行总承包的，工程质量由工程总承包单位负责；总承包单位将建筑工程分包给其他单位的，应对分包工程的质量与分包工程的质量与分包单位承担连带责任，分包单位应接受总承包单位的质量管理。

3. 实行建筑工程质量保修制度

保修范围包括地基基础工程、主体结构工程、屋面防水工程和其他土建工程以及电气管线、上下水管线的安装工程、供热、供冷系统工程等项目；保修的期限按照保证建筑物合理寿命年限内正常使用、维护使用者合法权益的原则确定。具体的保修范围和最低保修期限由国务院另行规定。

4. 对建设单位的规定

建设单位不得以任何理由，要求建筑设计单位或者建设施工企业在工程设计或者施工作业中，违反法律、行政法规和建筑工程质量、安全标准，降低工程质量。

5. 对建筑工程的勘察、设计单位的规定

建筑工程的勘察、设计单位必须对其勘察、设计的质量负责。勘察、设计文件应当符合有关法律、行政法规的规定和建筑工程质量、安全标准，符合建筑工程勘察、设计技术规范以及合同的约定。设计文件选用的建筑材料、建筑构配件和设备，应注明规格、型号、性能等技术指标，其质量要求必须符合国家规定的标准，建筑设计单位对设计文件选用的建筑材料、建筑构配件和设备，不得指定生产厂、供应商。建筑设计单位和建筑施工企业对建筑单位违反质量、安全标准等规定提出的降低工程质量的要求，应予以拒绝。

6. 对建筑施工企业的规定

建筑施工企业对工程施工质量负责。要求必须按照工程设计图纸和施工技术标准施工，不得偷工减料。工程设计的修改由原设计单位负责，建筑施工企业不得擅自修改工程设计。必须按照工程设计要求，施工技术标准和合同的约定，对建筑材料、建筑构配件和设备进行检验，不合格的不得使用。建筑工程竣工时，屋顶、墙面不得留有渗漏、开裂等质量缺陷，对已发现的质量缺陷，建筑施工企业应当修复。

7. 对交付竣工验收的规定

进行交付竣工验收的建筑工程，必须符合规定的建筑工程质量标准，要有完整的工程技术经济资料和经签署的工程保修书，并具备国家规定的其他竣工条件；建筑工程竣工经验收合格后，方可交付使用；未经验收或验收不合格的，不得交付使用。

8. 权利和义务

任何单位和个人对建筑工程的质量事故，质量缺陷都有权向建设行政主管部门或者其他有关部门进行检举、控告、投诉。

第四节 园林绿化企业法知识

一、园林绿化企业的设立

（一）企业设立的条件和程序

园林绿化企业，是指从事各类城市园林绿化规划设计，组织承担城市园林绿化工程施工及养护管理，进行城市园林绿化苗木、花卉、盆景、草坪的培养生产和经营，为城市园林绿化提供技术咨询、培训、服务等业务的所有企业。同其他企业一样，也分为全民所有制企业、集体所有制企业、私营企业、中外合资经营企业、中外合作经营企业、联营及股份制企业、其他企业等不同形式。

园林绿化企业的设立，是指为使企业成立并取得法人资格，依法实施的一系列法律行为的总称。企业的设立要具备一定的条件，经过一定的程序，由于企业的所有制性质不同，其设立的条件和程序也不一样。

1. 全民所有制企业设立的条件和程序

（1）设立条件　根据《中华人民共和国全民所有制工业企业法》（以下简称《企业法》）的规定，申请设立全民所有制企业，必须具备以下各项条件：产品为社会所需要；有能源、原材料、交通运输的必要条件；有自己的名称和生产经营场所；有符合国家规定的资金；有自己的组织机构；有明确的经营范围；法律、法规规定的其他条件。

（2）设立程序　具备设立全民所有制企业的条件后，首先向政府或者政府主管部门提出申请设立全民所有制企业的报告；第二，由政府或政府主管部门根据企业设立申请，依照法律、法规对其进行审批，对符合企业设立条件的给予批准；第三，设立企业的申请获得批准后，到工商行政管理机关核准登记，领取《企业法人经营执照》，取得法人资格，企业宣告成立。企业法人凭据其营业执照可以刻制公章、开立银行帐户、签订合同，可以在核准登记的经营范围内从事生产经营活动，其合法权益受法律保护。

2. 城镇集体所有制企业的设立条件和程序

（1）设立条件　根据《城镇集体企业条例》的规定，申请设立城镇集体企业必须具备下列条件：有企业名称、组织机构和企业章程；有固定的生产经营场所、必要的设施，并符合规定的安全卫生条件；有符合国家规定并与其生产经营和服务规模相适应的资金数额和从业人员；有明确的经营范围；能够独立承担民事责任；法律、法规规定的其他条件。

（2）设立程序　符合设立集体企业的条件后，首先向省、自治区、直辖市人民政府规定的部门，提交设立城镇集体企业的申请报告；第二，省、自治区、直辖市人民政府规定的审批部门，依据法律、法规对申请设立的城镇集体企业进行审核，对符合企业设立条件的予以批准成立；第三，被批准设立的城镇集体企业须到工商行政管理机关核准登记，领取《企业法人营业执照》，至此，企业宣告成立，依法办理相关手续和开展生产经营活动。

3. 中外合资经营企业的设立条件和程序

（1）设立条件　根据《中华人民共和国中外合资经营企业法》（以下简称《中外合资经营企业法》）的规定，申请设立合营企业应注重经济效益，符合下列一项或数项要求：采用先进技术设备和科学管理方法，能增加产品品种，提高产品质量和产量，节约能源和材料；有利于技术改造，能做到投资少、见效快、效益大；能扩大产品出口，增加外汇收入；能培训技术人员和经营管理人员。但是，有下列情况之一的，不予批准：有损中国主权的；违反中国法律的；不符合中国国民经济发展要求的；造成环境污染的；签订的协议、合同、章程显属不公平，损害合营一方权益的。

(2) 设立程序　符合设立合资经营企业的条件后，依据法律、法规，首先由中国合营者向企业主管部门呈报拟与外国合营者设立合营企业的项目建议书和初步可行性研究报告。该建议书和初步可行性研究报告，经企业主管部门审查同意并转报审批机关批准后，合营各方才能正式进行谈判，从事以可行性研究为中心的各项工作，在此基础上商签合营企业协议、合同和章程；第二，在中国境内设立合营企业，必须经国家对外经济贸易主管部门或其委托的有关的省、自治区、直辖市人民政府或国务院有关部、局审批。待批准后，由国家对外经济贸易主管部门发给批准证书；第三，被批准设立的企业，在办理开业登记时，应当在规定的时限内，由企业的组建负责人向登记主管机关提出申请。登记主管机关应当在受理申请后 30 日内，做出核准登记或者不予核准登记的决定。经核准登记注册，领取《企业法人营业执照》后，企业宣告成立，取得中国法人资格，其合法权益受中国法律保护。

4. 园林绿化公司设立的条件和程序

公司是依照《公司法》设立的以营利为目的的企业法人。我国《公司法》规定的公司，包括有限责任公司和股份有限公司两种。有限责任公司是指由两个以上的股东共同出资，每个股东以其认缴的出资额对公司承担有限责任，公司以其全部资产对其债务承担责任的企业法人；股份有限公司是指全部资本由等额股份构成并通过发行股票筹集资本，股东以其认购的股份对公司承担责任，公司以其全部资产对公司债务承担责任的企业法人。

(1) 设立条件　有限责任公司的设立应具备下列条件：股东符合法定人数；股东出资达到法定资本最低限额；股东共同制定公司章程；有公司名称，建立符合有限责任公司要求的组织机构；有固定的生产经营场所和必要的生产经营条件。

股份有限公司的设立应具备以下条件：发起人符合法定人数；发起人认缴和社会公开募集的股本达到法定资本最低限额；股份发行、筹办事项符合法律规定；发起人制订公司章程，并经创立大会通过；有公司名称，建立符合股份有限公司要求的组织机构；有固定的生产经营场所和必要的生产经营条件。

(2) 设立程序　有限责任公司设立的程序是：第一，制定公司章程；第二，办理工商登记；第三，签发出资证明书。

股份有限公司设立的程序是：第一，报经国务院授权的部门或省级人民政府批准；第二，设立股份有限公司；第三，申请设立登记；第四，公告。

5. 私营绿化企业设立的条件和程序

私营绿化企业是指企业资产属于私人所有，雇工 8 人以上的营利性的经济组织。

(1) 开办条件　有与生产经营和服务规模相适应的资金和从业人员；有固定的经营场所和必要的设施；有符合国家法律法规和政策规定的经营范围。

(2) 开办程序　符合私营企业的开办条件后，准备好办理登记所需要的各种证明文件。首先，到企业所在地的工商行政管理机关申请办理登记；第二，工商行政管理机关接受申请，检查验收书面申请和有关证件，各种手续齐备后，发给申请者申请登记表，由申请人填写后，交回登记主管机关；第三，由工商行政管理机关对申请人提交的文件、证明和填写的申请登记表的有效性、合法性与真实性进行审核查验，并核实实际条件和登记项目，在30日内作出审核决定。第四，工商行政管理机关审查、核实后，作出核准登记或不予核准登记的决定；第五，工商行政管理机关核准登记后，向申请人颁发营业执照；第六，按有关规定，在指定刊物上发布公告。

(二) 企业的注册与命名

《企业法》《公司法》《中华人民共和国企业法人登记管理条例》（以下简称《条例》）、《中华人民共和国企业法人登记管理条例实施细则》（以下简称《条例实施细则》）等法规对企业的登记注册、变更、注销、命名、核发证照、年检等做出了具体的法律规定。

1. 企业的注册

依照法律、法规规定的程序批准设立的企业，应根据其所设立的企业性质、生产经营范围、规模、资金总额等向登记主管机关提出申请，经核准登记注册，凡登记注册的企业均受到法律的保护。

2. 企业法人登记注册事项

(1) 企业法人登记注册的主要事项　企业法人名称、有限责任公司股东或股份有限责任公司发起人的姓名或者名称、住所、经营场所、法定代表人、经济性质、经营范围、经营方式、注册资金、从业人数、经营期限、分支机构等。

(2) 营业登记的主要事项　名称、地址、负责人、经营范围、经营方式、经济性质、隶属关系、资金数额等。

(3) 外商投资企业登记注册的主要事项　名称、住所、经营范围、投资总额、注册资本、企业类别、董事长、副董事长、总经理、副总经理、经营期限、分支机构。

(4) 公司登记注册的主要事项　名称、住所、法定代表人、注册资本、企业类型、经营范围、营业期限、有限责任公司股东或股份有限公司发起人的姓名或名称等。

(5) 私营企业登记注册的主要事项　企业名称、企业负责人、经营地址、资金数额、经营范围、经营方式、企业种类、雇工人数等。

(6) 住所、地址、经营场所　按所在市、县、乡（镇）及街道门牌号码的详细地址注册。

3. 企业法定代表人

经登记主管机关核准登记注册的代表企业行使职权的主要负责人，是企业法人的法定代表人。法定代表人是代表企业法人根据章程行使职权的签字人，他必须是完全民事行为能力人，并且应当符合国家法律、法规、政策的规定。有限责任公司、股份有限公司、外商投资企业的董事长是法定代表人。

4. 核准企业和经营单位的经济性质

登记主管机关根据申请单位提交的文件的章程所反映的财产所有权、资金来源、分配形式，核准企业的经营单位的经济性质。

5. 核准企业经营范围和经营方式

登记主管机关根据申请单位的申请和所具备的条件，按照国家法律、法规和政策以及规范化的要求，核准经营范围和经营方式。企业必须按照登记主管机关核准登记注册的经营范围和经营方式从事经营活动。

6. 注册资金及注册资本

(1) 注册资金　企业法人的注册资金来源包括财政部门或者设立企业的单位的拨款、投资以及社会集资。注册资金数额是企业法人经营管理的财产或者企业法人所有的财产的货币表现。除国家另有规定外，企业的注册资金应当与实有资金相一致。

(2) 注册资本　外商投资企业的注册资本是指其在登记主管机关登记注册的资本总额，是投资者认缴的出资额。注册资本与投资总额的比例，应符合国家有关规定。

7. 经营期限

经营期限是联营企业、外商投资企业的章程、协议或者合同所确定的经营时限。经营期限自登记主管机关核准登记之日起计算。登记主管机关应在核发给外商投资企业的证照上注明有效期。超过经营期限不得经营。

8. 企业的命名

(1) 企业名称的组成　企业名称在企业申请登记时，由企业名称的登记主管机关核定，它的组成为：字号（商号）、所属行业（或者经营特点）、组织形式。

(2) 企业名称的主要规定　企业名称前应冠以所在地行政区域名称，在冠用的行政区域范围内享有专用权，同行业企业的名称不得混用；外商投资企业名称可不冠以行政区划名称,在全国范围内,同行业企业的名称不得混用。外商投资企业可有与中文名称一致的外文名称;企业名称经登记主管机关核准登记后,受国家法律保护。未经核准登记的名称不准使用;企业公章、银行帐户所用的名称应与核准登记的名称相符;登记主管机关对名称实行分级管理、按有关专项规定核定和监督。

(3) 外商投资企业申请名称登记的规定　外商投资企业应在合同、章程登记之前,向登记主管机关申请名称登记,登记主管机关在受理后30日内做出核准名称登记或者不予核准名称登记的决定。对申请名称登记,应提交的文件有:组建负责人签属的申请书;项目建议书及批准的文件;投资者所在国(地区)政府出具的合法开业证明。外商投资企业名称经核准登记后,在登记主管机关核准企业开业登记之前,不得以该名称从事经营活动。

(4) 公司申请名称的规定　设立公司应当申请名称预先核准。设立有限责任公司,由全体股东指定的代表或者共同委托的代理人向公司登记机关申请名称预先核准;设立股份有限公司,由全体发起人指定的代表或者共同委托的代理人向公司登记机关申请名称预先核准。预先核准的公司名称保留期为6个月。

9. 企业开业证照的核发

按照规定,登记主管机关应当对申请单位提交的文件、证件、登记申请书、登记注册书以及其他有关文件进行审查,核实开办条件,经核准后分别核发下列证照:对具有企业法人条件的企业,核发《企业法人营业执照》,它是企业取得法人资格和合法经营权的凭证;对具备企业法人条件的外商投资企业,核发《中华人民共和国企业法人营业执照》,它是外商投资企业取得法人资格和合法经营权的凭证;对外商投资企业设立的办事机构,核发《外商投资企业设立办事机构注册证》,它是外商投资企业设立的办事机构从事业务活动的合法凭证。

10. 企业的变更登记

企业变更是指企业的名称、住所、经营场所、法定代表人、经济性质、经营范围、经营方式、注册资金、经营期限,以及分支机构在其存续期间和生产经营活动过程中发生变化。此时,企业应当在主管部门或审批机关批准后30日内向工商行政管理机关申请办理变更登记。申请变更登记时,应提交下列文件和证明:法定代表人、负责人签署的变更登记申请书;原主管部门审查同意的文件(没有主管部门的不交);其他有关文件、证件。

股份有限公司的变更有3种形式,即公司合并、公司分立、公司形态的转换。股份有限公司合并(分立)的程序:董事会提出合并(分立)方案;签订公司合并（分立）协议；编制表册；通知债权人；办理合并（分立）登记手续。股份有限公司转换的程序：董事会提出转换方案，说明转换的原因、目的、实施步骤；股东大会依特别决议的方式进行表决并作出决议，即由出席会议的股东所持表决权的 2/3 以上通过；报经国务院授权的部门或者省、自治区、直辖市人民政府批准，涉及股票事宜的，报国务院证券管理部门批准；完成公司债务的偿还及股票的收买等事项；修改章程及股东的收买等事项；修改章程及股东名册；办理工商登记变更手续。

11. 企业注销登记

按照规定，企业法人歇业、被撤销、宣告破产或者其他原因终止营业，应当向登记主管机关办理注销登记。登记主管机关对提出申请注销登记的企业或者经营单位，进行核准登记或者吊销执照的，应同时撤销注册号，收缴执照正、副本和公章，并通知开户银行。

12. 企业年检和证照的管理

实行企业年检制度是登记主管机关对企业法人进行监督管理的重要手段。企业法人应按照国家工商行政管理局和省、自治区、直辖市工商行政管理局规定的时间和办法办理年检手续，对年检合格的企业，应在《企业法人营业执照》副本上加盖年检戳记；外商投资企业应在每年 5 月底以前向登记主管机关办理年检手续，交回执照正、副本，经登记主管机关审核后发还。

《企业法人营业执照》《营业执照》《中华人民共和国企业法人营业执照》《中华人民共和国营业执照》分为正本和副本。正本应悬挂在主要办事场所或者主要经营场所。副本同样具有法律效力。登记主管机关根据企业申请和开展经营活动的需要，可以核发执照副本若干份。《中华人民共和国企业法人营业执照》《中华人民共和国营业执照》的副本有效期为 1 年。企业根据国家规定应当向有关部门提交执照复印件的，应经原登记主管机关同意并在执照复印件上加盖登记主管机关的公章。

二、园林绿化企业的分级及经营范围

根据《城市园林绿化企业资质管理办法》的规定，园林绿化企业按其资质条件，可以分为一级、二级、三级及三级以下 4 个级别。城市园林绿化企业经营范围包括：各类城市园林绿化规划设计；城市园林绿化工程施工及养护管理；城市园林绿化苗木、花卉、盆景、草坪生产、养护和经营；提供有关城市园林绿化技术咨询、培训、服务等。

(一) 一级企业的资质条件及经营范围

一级园林绿化企业应具备下列条件：第一，具有 8 年以上城市园林绿化经营经历。近 5 年承担过面积为 6 万 m^2 以上的园林绿化综合性工程，并完成栽植、铺植、整地、建筑及小品、花坛、园路、水体、水景、喷泉、驳岸、码头、园林设施及设备安装等工程，经验收，工程质量合格。具有大规模园林绿化苗木、花卉、盆景、草坪的培育、生产、养护和经营能力。具有高水平园林绿化技术咨询、培训和信息服务能力，在本省（自治区、直辖市）或周围地区有较强的技术优势、影响力和辐射力。第二，企业经理具有 8 年以上从事园林绿化经营管理工作的资历，企业具有园林绿化专业高级技术职称的总工程师，中级以上专业职称的总会计师、经济师。第三，企业有职称的工程、经济、会计、统计、计算机等专业技术人员占企业年平均职工人数的 15%以上，且不少于 20 人；具有中级以上技术职称的园林工程师不少于 7 名，建筑师、结构工程师及水、电工程师都不少于 1 名；企业主要技术工种骨干全部持有中级以上岗位合格证书。第四，企业专业技术工种除包括绿化工、花卉工、草坪工、苗圃工、养护工以外，还应包括瓦工、木工、假山工、木雕工、石雕工、水景工、花街工、电工、焊工、钳工等。三级以上专业技术工人占企业年平均职工人数的 25%以上。第五，企业拥有高空修剪车、喷药车、洒水车、起重车、挖掘机、打坑机等技术设备，以及各种工程模具、模板、绘图仪和信息处理系统等。第六，企业固定资产现值和流动资金在 1 000 万元以上，企业年总产值在 1 000 万元以上，经济效益良好，利润率 20%以上。第七，企业所承担的工程、培育的植物品种或技术开发项目获得部级以上奖励或获得国际性奖励。

一级企业由省、自治区建设行政主管部门、直辖市园林绿化行政主管部门进行预审，提出意见，报国务院建设行政主管部门审批、发证。一级企业可在全国或国外承包各种规模及类型城市园林绿化工程，可以从事城市绿化苗木、花卉、盆景、草坪等植物材料的生产经营，可兼营技术咨询、信息服务。

(二) 二级企业的资质条件及经营范围

二级企业的资质条件同一级企业一样，也是从 7 个方面规定的，只不过是要求标准有所降低。二级企业应具备的主要条件是：具有 6 年以上城市园林绿化经营经历，近 4 年承担过面积 3 万 m^2 以上的园林绿化综合性工程；企业经理具有 6 年以上从事园林绿化经营管理工作的资历，具有中级以上技术职称的总工程师，财务负责人具有助理会计师以上职称；工程、经济、会计、统计等技术人员不少于 15 人，园林工程师不少于 5 名，建筑师及水、电工程师各 1 名；专业技术工种种类同一级企业的要求一样，三级以上专业技术工人占企业年平均职工人数的 15% 以上，对苗圃工、木雕工、花街工不做严格岗位要求；拥有高空修剪车、喷药车、挖掘机、打坑机、各种工程模具、模板、绘图仪和计算机等设备和工具，对洒水车、起重车、信息处理系统不做必备要求；企业固定资产现值和流动资金在 500 万元以上，企业年总产值在 500 万元以上；企业所承担的工程、培育的植物品种或技术开发项目获得省级以上奖励。

二级企业所在省、自治区建设行政主管部门或者授权机关审批、发证，并报国务院建设行政主管部门备案。二级企业可跨省区承包 50hm² 以下城市园林绿化综合工程，可以从事城市园林绿化植物材料的生产经营，开展技术咨询、信息服务等业务。

（三）三级企业的资质条件及经营范围

三级企业主要应具备以下资质条件：具有 4 年以上城市园林绿化经历，近 3 年承担过 1 万 m² 以上的园林绿化综合性工程；企业经理具有 4 年以上从事园林绿化经营管理工作的资历，企业技术负责人具有园林绿化专业中级以上职称；有职称的工程、经济、会计、统计等专业技术人员不少于 12 人，园林工程师不少于 3 名，建筑师 1 名；专业技术工程种类的要求与二级企业基本一样，对石雕工、焊工、钳工不做严格岗位要求，三级以上专业技术人员占企业年平均职工人数的 10%；企业拥有挖掘机、打坑机、各种工程模具、模板、绘图仪和计算机等设备工具；企业固定资产现值、流动资金和总产值均在 100 万元以上。

三级企业由所在城市园林绿化行政主管部门审批、发证，报省、自治区建设行政主管部门备案。三级企业可以在省内承包 20hm² 以下城市绿化工程，可以兼营城市园林绿化植物材料。

（四）三级以下企业的资质条件及经营范围

三级以下企业资质标准由各城市园林绿化行政主管部门参照上述规定，自行确定。其审批手续同三级一样。其经营范围比三级企业更小。

第五节 城建行政执法和行政诉讼

一、城建行政处罚

(一) 行政处罚法

《中华人民共和国行政处罚法》(以下简称《行政处罚法》)是在 1996 年 3 月 17 日第八届全国人民代表大会第四次会议通过,中华人民共和国主席令第 63 号公布,自 1996 年 10 月 11 日起施行的。制订本法是为了规范行政处罚的设定和实施,保障和监督行政机关有效实施行政管理,维护公共利益和社会秩序,保护公民、法人或者其他组织的合法权益。其主要内容包括:总则;行政处罚的种类和设定;行政处罚的实施机关;行政处罚的管辖和适用;行政处罚的决定;行政处罚的执行;法律责任;附则。共 8 章 64 条。

(二) 行政处罚

行政处罚是指行政机关或者组织,依据法律、法规规定或者授予的行政职权,对违反行政法义务但不具有刑罚性的公民、法人或者其他组织实施的法律制裁。行政处罚是由根据法律规定或授权而享有行政处罚权的行政机关或者组织做出的。

按照《行政处罚法》第二章规定,行政处罚分为:警告;罚款;没收违法所得、没收非法财物;责令停产停业;暂扣或者吊销许可证、暂扣或者吊销执照;行政拘留;法律、行政法规规定的其他行政处罚。

按照行政管理的内容和范围,行政处罚分为:治安行政处罚;外汇行政处罚;工商行政处罚;海关行政处罚;农林水利行政处罚;文教卫生行政处罚;城建行政处罚等。

按照对行政相对人科处罚戒的性质,行政处罚分为:限制或剥夺权利的行政处罚、科以义务的行政处罚和影响声誉的行政处罚。限制或剥夺权利的行政处罚包括,限制人身自由权的行政处罚、限制或剥夺财产权利的行政处罚、限制或剥夺行为权的行政处罚;科以义务的行政处罚包括支付一定数额金钱的义务和付出一定的劳务;影响声誉的行政处罚,主要是警告。

按照行政处罚的性质,行政处罚划分为:涉及人身权利的人身罚,如行政拘留;暂扣或吊销许可证或营业执照、责令停产停业等行为罚;罚款、没收违法所得、没收非法财物等财产罚;警告等申诫罚。

行政处罚由依法有权或受托实行行政处罚的行政机关实施。行政处罚实施机关除法定的行政机关外，还包括行政法律、法规授权的组织以及行政机关委托的其他行政机关和组织。

二、行政复议

行政复议是指公民、法人或其他组织认为行政主体的具体行政行为侵犯其合法权益，依法向行政复议机关提出申请，由行政复议机关依法定程序对原具体行政行为的合法性和适当性进行审查并作出相应决定的活动。它是我国现行法律、法规设定的行政救济途径之一。为充分发挥行政复议制度的作用，行政复议有法可依，1999年4月29日第九届全国人民代表大会常务委员会第9次会议审议通过了《中华人民共和国行政复议法》（以下简称《行政复议法》），并于同年10月1日起施行。这部法律的颁布实施，对于加强行政机关内部监督，促进机关合法、正确地行使职权，维护社会经济秩序，维护公民法人和其他组织的合法权益，维护社会稳定，都具有重要意义。

（一）**行政复议机关的职责**

行政复议机关是履行行政复议职责的行政机关。行政复议机关应遵循"合法、公正、公开、及时、便民"的原则，办理行政复议事项，履行下列职责：受理行政复议申请；向有关组织和人员调查取证，查阅文件和资料；审查申请行政复议的具体行政行为是否合法与适当，拟订行政复议决定；处理或者转送《行政复议法》第7条所列有关规定的审查申请；对行政机关违反《行政复议法》规定的行为依照规定的权限和程序提出处理建议；办理因不服行政复议决定提起行政诉讼的应诉事项；法律、法规规定的其他职责。

（二）**行政复议的范围**

行政复议的范围包括：第一，对行政机关作出的警告、罚款、没收违法所得、没收非法财物、责令停产、停业、暂扣或者吊销许可证、执照、行政拘留等行政处罚决定不服的；第二，对行政机关作出的限制人身自由或者查封、扣押、冻结财产等行政强制措施决定不服的；第三，对行政机关作出的有关许可证、执照、资质证、资格证等证书变更、终止、撤销的决定不服的；第四，对行政机关作出的关于确认土地、矿藏、水流、森林、山岭、草原、荒地、滩涂、海域等自然资源的所有权或者使用权的决定不服的；第五，认为行政机关侵犯合法的经营自主权的；第六，认为行政机关变更或者废止农业承包合同，侵犯其合法权益的；第七，认为行政机关违法集资、征收财物、摊派费用或者违法要求履行其他义务的；第八，认为符合法定条件，申请行政机关颁发许可证、执照、资质证、资格证等证书，或者申请行政机关审批、登记有关事项，行政机关没有依法办理的；第九，申请行政机关履行保护人身权利、财产权利、受教育权利的法定职责，行政机关没有依法履行的；第十，申请行政机关依法发放抚恤金、社会保险金或者最低生活保障费，行政机关没有依法发放的；第十一，认为行政机关的其他具体行政行为侵犯其合法权益的。

此外，公民、法人或者其他组织认为行政机关的具体行政行为所依据的有关规定不合法，在对具体行政行为申请行政复议时，可以一并向行政复议机关提出对该规定的审查申请。这些规定指的是国务院部门的规定、县级以上地方各级人民政府及其工作部门的规定和乡镇人民政府的规定。

（三）行政复议的申请人、第三人和被申请人

申请人是申请行政复议的公民、法人或其他组织；第三人，是指同申请行政复议的具体行政行为有利害关系的其他公民、法人或者其他组织，第三人准许参加行政复议。申请人、第三人可以委托代理人代为参加行政复议；被申请人是指作出申请人申请复议的具体行政行为的行政机关。

（四）行政复议的程序

行政复议程序一般包括：申请、受理、审理、决定、送达和执行6个阶段。

1. 申请

申请人认为具体行政行为侵犯了其合法权益，可以自知道该具体行政行为之日起60日（但法律规定的申请期限超过60日的除外）内，提出行政复议申请。因不可抗力或者其他正当理由耽误法定申请期限的，申请期限自障碍清除之日起继续计算。

申请复议可以书面申请，也可以是口头申请。一般以书面申请为主。口头申请的，行政复议机关应当当场记录申请人的基本情况、行政复议请求、申请行政复议的主要事实、理由和时间。

申请人申请行政复议应当具备下列条件：第一，有明确的被申请人；第二，有具体的复议请求和事实根据；第三，属于申请复议的范围和受案复议机关管辖；第四，必须在法定申请期限内申请复议。

2. 受理

受理是指复议机关对符合条件的复议申请决定立案的行为。行政复议机关收到行政复议申请后，应当在5日内进行审查，对不符合条件的复议申请，决定不予受理，并书面告知申请人；对于符合受理条件的，复议机关应当受理；复议机关无正当理由不予受理的，上级行政机关应当责令其受理；必要时，上级机关也可以直接受理。

3. 审理

审理是行政复议机关对受理的行政复议案件进行合法性和适当性审查的过程,它是行政复议程序的核心。

行政复议机关受理行政复议后,依据法律、行政法规、地方性法规、上级行政机关制定和发布的,具有普遍约束力的决定和命令以及民族自治地方的自治条例和单行条例等,以书面审理(也可辅之以必要的调查)的方式,在规定的审理期限内,对行政复议案件的合法性和适当性进行审查。

4. 决定

行政复议决定是指行政复议机关在对行政复议案件进行审查后所做的审查结论。根据《行政复议法》的规定,复议决定有以下几种:

(1) **决定维持** 行政复议机关认为被申请人作出的具体行政行为认定事实清楚,证据确凿充分,使用依据正确,程序合法,内容适当的,决定维持。

(2) **限期履行决定** 行政复议机关经审理后认为被申请人不履行决定职责的,决定其在一定期限内履行。

(3) **撤销、变更或者确认决定** 行政复议机关认为被申请人作出的具体行政行为,有下列情形之一的,决定撤销、变更或者确认该具体行政行为违法的,可以责令被申请人在一定期限内重新作出具体行政行为:主要事实不清、证据不足的;适用依据错误的;违反法定程序的;超越或者滥用职权的;具体行政行为明显不当的。

被申请人不按照《行政复议法》的规定提出书面答复、提交当初作出具体行政行为的证据、依据和其他有关资料的,视为该具体行政行为没有证据、依据,决定撤销该具体行政行为。

行政复议机关责令被申请人重新作出具体行政行为的,被申请人不得以同一的事实和理由作出与原具体行政行为相同或者基本相同的具体行政行为。

(4) **责令赔偿决定** 申请人在申请行政复议同时可以一并提出行政赔偿请求(也可单独提出赔偿请求),行政复议机关经审查后认为符合国家赔偿法的有关规定,依法应当给予赔偿的,行政复议机关可以同其他决定一并(或单独)作出责令赔偿的决定。

(5) **送达** 是行政复议机关依照法定程序和方式,将其制作的行政复议决定书送交被申请人的行为。送达可采取直接送达、转交送达、留置送达、委托送达、邮寄送达等方式完成。

(6) **执行** 发生法律效力的行政复议决定分为终局决定和非终局决定。终局的复议决定一经送达即发生法律效力。当事人必须服从,不得向人民法院提起行政诉讼。对于非终局决定，如果申请人对复议决定不服的，可以在接到行政复议决定之日起 15 日内，或者法律、法规规定的其他期限内向人民法院提起行政诉讼。申请人逾期对非终局决定既不履行又不起诉的，或者对终局复议决定不履行的，则将要被依法强制执行。

（五）违反《行政复议法》的法律责任

1. 行政复议机关的法律责任

行政复议机关违反《行政复议法》的规定，无正当理由不予受理依法提出的行政复议申请或者不按照规定转送行政复议申请的，或者在法定期限内不作出行政复议决定的，对直接负责的主管人员和其他直接责任人员依法给予警告、记过、记大过的行政处分；经责令受理仍不受理或者不按照规定转送行政复议申请，造成严重后果的，依法给予降级、撤职、开除的行政处分。

2. 行政复议机关工作人员的法律责任

行政复议机关工作人员在行政复议活动中，徇私舞弊或者有其他渎职、失职行为的，依法给予警告、记过、记大过的行政处分；情节严重的，依法给予降级、撤职、开除的行政处分；构成犯罪的，依法追究刑事责任。

3. 被申请人的法律责任

被申请人违反《行政复议法》的规定，不提出书面答复或者不提交作出具体行政行为的证据、依据和其他有关材料，或者阻挠、变相阻挠公民、法人或者其他组织依法申请行政复议的，对直接负责的主管人员和其他直接责任人员依法给予警告、记过、记大过的行政处分；进行报复陷害的，依法给予降级、撤职、开除的行政处分；构成犯罪的，依法追究刑事责任。

被申请人不履行或者无正当理由拖延履行行政复议决定的，对直接负责的主管人员和其他直接责任人员依法给予警告、记过、记大过的行政处分；经责令履行仍拒不履行的，依法给予降级、撤职、开除的行政处分。

4. 有关行政机关的法律责任

行政复议机关负责法制工作的机构发现有无正当理由不予受理行政复议申请、不按照规定期限作出行政复议决定、徇私舞弊、对申请人打击报复或者不履行行政复议决定等情形的，应当向有关行政机关提出建议，有关行政机关应当依照《行政复议法》和有关法律、行政法规的规定作出处理。

三、行 政 诉 讼

行政诉讼是我国现行法律、法规设定的行政救济途径之二。所谓行政处罚诉讼是指行政处罚相对人认为行政处罚机关的具体行政处罚行为侵犯其合法权益，在法定期限内依法向人民法院起诉，并由人民法院审理裁决的活动。为保证人民法院正确、及时审理行政案件，保护公民、法人和其他组织的合法权益，维护和监督行政机关依法行使行政职权，根据《宪法》制定了《中华人民共和国行政诉讼法》（以下简称《行政诉讼法》）。其主要内容包括：总则；受案范围；管辖；诉讼参加人；证据；起诉和受理；审理和判决；执行；侵权赔偿责任；涉外行政诉讼；附则。共11章75条。

（一）行政诉讼的要件

行政诉讼的要件主要有：原告是行政处罚相对人，即公民、法人和其他组织；被告是行使国家行政处罚权的行政机关，即做出具体行政处罚行为的行政机关；原告提起诉讼是因其认为行政机关的具体行政处罚行为侵犯其合法权益；必须是法律、法规明文规定当事人可以向人民法院起诉的行政处罚争议案件；必须在法定的期限内向有管辖权的人民法院起诉。

（二）行政处罚诉讼的任务和原则

行政处罚诉讼的主要任务是保护公民、法人和其他组织的合法权益，维护和监督行政机关依法行使行政处罚职权。行政处罚诉讼必须遵循以下基本原则：人民法院依法独立行使行政审判权原则；对诉讼当事人适用法律一律平等的原则；公开审判原则；以事实为根据、以法律为准绳的原则；回避原则；诉讼当事人平等地行使诉讼权利原则；两审终审原则；当事人地位平等原则；使用本民族语言文字进行诉讼原则；当事人有权进行辩论原则；检察机关进行监督原则等。同时还应遵循以下特殊原则：行政处罚复议当事人选择原则；被告负主要举证责任原则；起诉不停止执行原则；不适用调解和不适用反诉原则；司法变更权原则等。

（三）行政处罚案件的管辖与受理

1. 行政处罚案件的管辖

行政处罚的一般案件都由基层人民法院管辖。中级人民法院管辖的第一审行政处罚案件主要有两类：一类是对由国务院各部门和省、自治区、直辖市人民政府以及省会城市、自治区政府所在地市和经过国务院批准的较大的市的人民政府所在地市作的行政处罚不服提起行政诉讼的案件；二是本辖区内重大的、复杂的案件。高级人民法院管辖的第一审行政处罚案件几乎没有。它只管辖本辖区重大的、复杂的第一审行政处罚案件；最高人民法院管辖全国范围内重大、复杂的第一审行政案件。

2. 行政诉讼期限

行政相对人对行政处罚不服提起诉讼，其诉讼期限的规定是：第一，行政相对人直接起诉，应当在知道行政机关做出行政处罚之日起3个月内提出；

第二，先申请复议，对复议决定不服再起诉的，应当自收到复议决定书之日起 15 日内提出；第三，先申请复议，复议机关逾期不做出复议决定的，应当在复议期满之日起 15 日内向法院起诉。法院另有规定的除外。

3. 提起诉讼的条件

当行政相对人向法院提起诉讼后，法院要认定诉讼请求符合行政诉讼规定的条件时，才予以受理。《行政诉讼法》规定其提起诉讼应当符合下列条件：原告是认为行政处罚侵犯其合法权益的公民、法人或其他组织；在起诉时有明确的被告，即指出是谁做出的行政处罚侵犯其合法权益；有具体的诉讼请求和相应的事实根据，例如请求法院撤销或变更违法或显失公正的处罚；该案件属于受诉人民法院管辖。

4. 受理

人民法院认为行政相对人的起诉符合受理条件的，应在接到诉状后 7 日内立案或者做出裁定不予受理。原告对法院不予受理的裁定不服，可以向上一级法院提起上诉。

5. 对行政处罚行为的判决

法院通过审理，认定行政机关做出处罚决定证据确凿，适用法律依据正确，符合法定程序的，就判决维持。依据《行政诉讼法》规定，行政机关做出的处罚决定有下列情形之一的，法院要判决撤销或部分撤销：行政机关做出处罚决定，主要证据不足；使用法律依据错误；违反法定程序；行政机关超越职权；行政机关及其工作人员滥用职权等。

法院对行政处罚决定也可以变更，但法院变更行政处罚只能是针对行政机关显失公正的处罚决定。所谓"显失公正"，是指行政处罚虽然在形式上不违背法律、法规的规定，但在实际上与法律的精神相违背，损害了社会或个人的利益，而表现出明显的不公。也就是说行政机关在做出处罚决定时行使自由裁量权严重不当。在行政审判实践中，可视为行政处罚显失公正的情况有：行政机关认定的部分事实有误，导致行政处罚失当；行政机关认定的损失数额有误，导致赔偿损失数额失当等。

法院对行政处罚案件进行审理做出判决后，诉讼当事人双方任何一方对判决不服，依据《行政诉讼法》的规定，都可以向上一级法院提起上诉，第二审法院对上诉案件进行审理后，将分别情况做出裁判：原审判决正确的，维持原判，驳回上诉；原审判决认定事实清楚，但适用法律错误的，依照法律规定改判；原审判决认定事实不清，证据不足，或者违反行政诉讼程序的，撤销原判发回重审。二审判决是终审判决，法院做出判决即发生法律效力。如果当事人认为二审裁判确有错误，可以向原法院或者上一级法院提出申诉。但在申诉期间，判决和裁定不停止执行。

复习思考题

1. 《环境保护法》的基本原则有哪些？违反《环境保护法》的法律责任有哪些？
2. 我国生态环境保护的目标和原则是什么？应采取什么样的对策与措施？
3. 植树造林的主要法律规定有哪些？
4. 简答森林病虫害防治和森林防火的主要规定。
5. 下列违反《森林法》行为的法律责任是如何规定的？
   (1) 盗伐、滥伐森林或其他林木的法律责任。
   (2) 非法采伐、毁坏珍贵树木的法律责任。
   (3) 毁林开垦和毁林采石、采砂、采土等毁林行为的法律责任。
6. 简答招标和投标的主要法律规定。
7. 简答建筑工程质量管理的法律规定。
8. 设立园林绿化企业应具备哪些条件？需经过哪些程序？
9. 各级园林绿化企业应具备的条件和经营范围是什么？
10. 何为行政处罚？行政处罚是由谁作出的？
11. 简答行政复议的范围和法律责任。
12. 简答行政诉讼的要件和原则。

参考文献

1. 杨守山主编. 园林行业标准规范及产业法规政策实用全书. 北京：光明日报出版社，2000
2. 建设部政策法规司、人事部教育司编. 建设行政管理人员法律知识读本. 北京：中国建筑工业出版社，2001
3. 吴春生主编. 行政解释的理解与适用（城市建设卷）. 北京：人民法院出版社，1999
4. 严明主编. 文物保护法律适用手册. 北京：人民法院出版社，1998
5. 国家文物局集刊编辑部编. 文物工作. 北京：《文物工作》集刊编辑出版社，1998～2001
6. 中华人民共和国建设部主编. 风景名胜区规划规范. 北京：中国建筑工业出版社，1999
7. 郑强，卢圣编著. 城市园林绿地规划（修订版）. 北京：气象出版社，2001
8. 李春学主编. 经济法规. 北京：中国林业出版社，1999
9. 林肇信等主编. 环境保护概论. 北京：高等教育出版社，1999
10. 全国会计专业技术资格考试领导小组办公室编. 经济法. 北京：经济科学出版社，2000
11. 财政部注册会计师考试委员会办公室编. 经济法. 北京：中国财经出版社，2000
12. 皮纯协，余凌云等著. 行政处罚原理与运作. 北京：科学普及出版社，1996
13. 中国建设监理协会组织编写. 建设工程监理相关法规文件汇编. 北京：知识产权出版社，2001
14. 张秋科主编. 中国行政诉讼实用大全. 长春：长春出版社，1991
15. 国家文物局主办. 中国文物报特刊. 2002.11
16. 国家工商行政管理局法制司编. 现行工商行政管理规章汇编. 北京：经济管理出版社，1997